EV推進の罠

電気自動車

「脱炭素」政策の嘘

加藤康子×池田直渡×岡崎五郎
（元内閣官房参与）（自動車経済評論家）（モータージャーナリスト）

ワニブックス

はじめに●安易なＥＶ化は日本を滅ぼす――加藤康子

ヨーロッパに「地獄への道は善意で敷きつめられている」という諺《ことわざ》があります。日本政府は２０３０年までに、温室効果ガス（大半が二酸化炭素）の排出量を２０１３年度に比べて46％削減することを宣言し、自動車産業界に電気自動車（ＥＶ）への転換を促しています。政治の役割は自国の経済を安定的に成長させ、雇用を増やし、人々の暮らしを豊かにすることですが、この急進的な地球環境政策が国民にバラ色の未来をもたらすのでしょうか。

私たちの国の経済は、自動車産業によって支えられているといっても過言ではありません。自動車産業は70兆円の総合産業で、部品、素材、組立、販売、整備、物流、交通、金融など、多岐にわたり国民経済を支えています。日本から自動車産業がなくなったら未来に豊かな暮らしを続けることはできません。ＥＶ推進は、今までのどの政策よりも日本の経済と産業構造に決定的な打撃を与える政策です。舵《かじ》取りを誤ると日本は長年培ってきた工業立国の土台を失い、多くの失業者を抱えることになります。

内燃機関がＥＶになれば自動車の部品の数は圧倒的に少なくなります。内燃機関とトランスミッションが、バッテリーとモーターに変わると、コストの4割はリチウムイオン電池となります。国内で電池を製造できればよいのですが、原材料を中国に握られているうえ、もし中国製のバッテリー頼みになれば、日本の自動車産業は中国にその心臓部を牛耳《ぎゅうじ》られることになります。これまで自動車メーカー各社が、血と汗が滲《にじ》むような努力で研究・開発してきた世界一の内燃機関を放棄し、ＥＶ、ことにバッテリーの研究・開発に注力するということは、自動車メーカーのために踏ん張って部品を作ってきた多くの協力会社の仕事を奪います。そして隣国がのどから手が出るほど欲しい世界一の技術者たちを失うことになるでしょう。

ものづくり力の劣化は企業の経営責任にとどまらず政治に責任があります。諸外国が産業を守り、官民一体で新技術を支援するなかで、日本政府は産業支援には及び腰です。近年、日本の製造業は、世界一高い電力料金と環境規制、年々膨れ上がる人件費や社会保障費と労働規制の制約のなかで懸命に闘っています。中国・韓国に限らず欧米各国が、国として戦略的に重要な産業に巨額の資金を投じるなかで、日本だけが本気で国力の増強に向き合う意志がないことが、国民にとって未来に自信が持てない理由の一つとなっています。「失われた30年」、日本は常に委縮をしてきました。

私は大学時代から産業史や企業城下町を研究し、製鉄所や造船所、自動車組立工場、部品工場などさまざまな製造の現場を訪れてきました。日本の屋台骨を支えてきた製造業が、事業コストが高い国内での「ものづくり」をやめ、国外に工場を移すと、日本に生産施設を戻すことは容易ではありません。私は世界各国で、以前は栄えていた企業城下町から企業が撤退し、ゴーストタウンになるのを見てきました。町工場の機械音が、工場の人の知恵や営みが、私たちの現在の生活を支えているのです。

2020年10月26日、菅義偉《すがよしひで》総理（当時）は所信表明演説で、国内の温室効果ガスの排出を2050年までに「実質ゼロ」とする方針を表明し、「2050年カーボンニュートラル（炭素中立）」実現の目玉と言われているのが、再生可能エネルギーと電気自動車（EV）です。どちらも中国の国家目標である「中国製造2025」を後押しする政策であり、それは日本の製造業の弱体化につながります。

世界一厳しい環境規制のなかで製造を続ける日本がこれ以上政府の圧力を受けると、背中を押されて出ていく先は環境規制の緩い中国や新興国です。世界の二酸化炭素排出量の3割は中国で、日本の排出量は僅か3％です。空気をきれいにすることに誰も異論はありませんが、東京の空はきれいです。

小泉進次郎氏は2019年に環境大臣として、国連の気候行動サミットに出席し、「気候変動のような大きな問題は楽しく、クールで、セクシーに取り組むべきだ」と発言しメディアを沸かせましたが、自動車工場の現場で額に汗して働く人たちにとり、これはクールでセクシーな話ではなく、「脱炭素」という経済戦争のなかで雇用と未来の生活がかかった死活問題です。世界で一番厳しい環境規制のなかで自動車を製造してきた日本の工場が、彼らの努力を適正に評価されず、行き場を失い、国を出ていったら、日本の地方経済は成り立ちません。ひとたび海外に出ていったら、日本にその製造拠点を戻すことは容易ではありません。

豊田章男氏は日本自動車工業会（自工会）会長として行った3月11日の記者会見でも、「このままでは、最大で１００万人の雇用と、15兆円もの貿易黒字が失われることになりかねない」と警鐘を鳴らしました。２０１９年に日本国内で生産した約９７０万台のうち、海外に輸出したのは約４８０万台と半数を占めています。輸出がゼロとなったら、自動車の設計、部品の製造、組み立て、販売まで自動車関連業界で働く約５５０万人のうち、70～１００万人が職を失うことになりかねないというわけです。我々はこの発言を非常に深刻に受け止めています。ガソリン車の販売を閉じることは日本経済を直撃し、雇用に大きく影響するからです。

しかし小泉氏は雇用についてこう語っています。

「ＥＶの話をすると、よく雇用についての悲観論を耳にしますが、それは一面的な見方にすぎません。ビジネスモデルを変えれば、当然、そこには新たな雇用が生まれる。これまでの雇用を失うことを恐れるあまり、既存のビジネスモデルを守ろうとするばかりでは、世界から取り残されてしまいます」（『文藝春秋』２０２１年４月号）

脱炭素に舵を切った日本の自動車メーカーのホンダは、四輪車の販売が苦戦しているなかで、２０３０年に向けＥＶシフトを宣言しましたが、雇用への影響は避けられませんでした。２０２１年８月、社員の約５％にあたる２０００人を超える人材がこの早期退職に応募しました。加えて四輪車向けのエンジンやトランスミッションを製造している栃木県真岡のホンダ工場はＥＶ化の波に押され、２０２５年末までに閉鎖されることが決まりました。真岡では約９００人の従業員が勤め、市内には協力会社は20社に上り、地域に不安が広がっています。

ハイブリッドをなぜ応援しないのか？

自動車工業会の豊田章男会長は4月22日の自工会の記者会見で、「最初からガソリン車やディーゼル車を禁止するような政策は、技術の選択肢をみずからせばめ、日本の強みを失うことになりかねない。いま日本がやるべきことは技術の選択肢を増やすことであり、規制、法制化はその次だ。政策決定では、この順番が逆にならないようにお願いしたい」と明言しe-fuelやバイオ燃料などの内燃機関を活かすエコな燃料に取り組んでいることを公表しました。

なぜ世界の消費者に支持されている日本の自動車を作るメーカーが、ユーザーではなく政治家によってビジネスモデルを変えなければならないのでしょうか。資本には限界があり、構造の違うクルマの生産ラインのどちらかに設備投資し、経営資源を集約していかなければなりません。今はEV市場は未成熟で蜃気楼《しんきろう》のようなものです。企業も中長期の経営計画を立てていたはずですが、政治家の言動によって設備投資を振り分けるのでしょうか。政治家は会社の経営責任をとってはくれません。

逆に企業は政治家に問うべきでしょう。「日本の政治家は、なぜ日本の自動車メーカーや国民のために闘わないのか、なぜEUや中国の後押しをするのか」と。日本の自動車メーカーは率先して厳しい環境規制をクリアし、優れた内燃機関を開発してきました。だからこそ世界の市場で支持されているのです。にもかかわらず、なぜ環境に貢献をしてきたハイブリッド車や、厳しい燃費規制をクリアしてきた環境への功績を、世界にアピールしないのか？　なぜ地に足のついていない政策に飛びつき、国の重要産業という国益を守れないのかを問いただすべきでしょう。

日本の政治家は「グローバリストでなければ国際社会の市民権を得られない」と思っている節《ふし》があります。諸外国が自分の国益を優先しているのにもかかわらず、日本だけが国益を譲りジャパン・ファーストの政策をとらず、国際的枠組みでは中国を縛ることができないことを知りながら、国際的枠組みを好み、諸外国の善意を信じています。そして、自由貿易を信奉し、国の重要産業に必要な支援に及び腰です。産業革命期においては、イノベーションのために、迅速《じんそく》な意思決定と多くの資金が必要となるにもかかわらず、です。マックス・ウエーバーは「職業としての政治」でこう語っています。「善からは善のみが、悪からは悪のみが生まれるというのは、人間の行為にとって決して真実ではなく、しばしばその逆が真実である」。私たちはグローバリズムを信じる政治家に日本国の未来への結果責任を問いただすべきではないでしょうか。

脱炭素政策の紛れもない勝者は中国です。ＥＶになれば、中国はバッテリーならびに新エネ車において、世界制覇をもくろむ自動車強国の野望を実現することが出来ます。中国車はブランド力がなく、世界の市場ではなかなか販売が伸びません。しかし中国製のバッテリー、中国製の部品、中国製の鋼板が世界のメーカーで使われ始めています。習近平《しゅうきんぺい》率いる中国には、明確な国家目標と戦略があります。建国100年にあたる2049年までに「中華民族の偉大なる復興」を成し遂げ、経済・軍事ともに世界の覇権を握る国家目標を掲げ「中国製造2025」を発表しました。そのなかで「強い製造業なしには、国家と民族の繁栄も存在しえない」と、製造業を国家安全保障の礎《いしずえ》に位置づけました。中国は明治の殖産興業政策をモデルに産業を支援する政策を実施し、ハイテク製品の70%を中国製にし、製造業を質の面で向上させ、競争力のある製造業で強国を打ち立てる計画です。そのために日本企業や有能な人材を次々と誘致しています。中国は巨額な資金を戦略的に投入して、バッテリーの研究・開発を強引に進めています。

明治維新より150年の歳月を経て、わが国は世界経済の一翼を担い、米国、中国に次ぎ世界第三の経済大国となりました。しかし日本労働組合総連合会（連合）が行った2017年の調査では、「将来に不安を感じることはあるか?」という問いに77%の労働者が「日本の将来に不安を抱いている」と回答しました。国がどんどん貧しくなっていくという予想に、暗澹《あんたん》たる気持ちになりますが、悲観論にため息をついている場合ではありません。忘れるなかれ、幕末、工業化が遅れていた日本が明治維新を成し遂げ、工業立国の土台を築いていったときの人口はわずか3300万人です。当時に比べれば日本の経済条件は恵まれており、未来予測を逆転するためにできることはたくさんあります。少子高齢化の日本が、明治以来培ってきた日本の経済基盤が中国に呑み込まれていく潮流を看過して良いのでしょうか。傍観者は加害者と同じです。私たちは、国の屋台骨を支える製造業が国内でものづくりを続けられ、雇用を守り、第四次産業革命の波を乗り切ることができるよう全力で立ち向かうべきではないでしょうか。

私が池田直渡さんと岡崎五朗さんに初めてお目にかかったのは、２０２０年12月。ニュースで小泉進次郎環境相（当時）がガソリン車の国内新車販売を２０３０年代半ばに禁止する方向で検討していることに言及した直後のことです。小泉氏が基幹産業を失うかもしれないような大きな決断を、「30年代半ばというのは国際社会では通用しない。半ばというのなら35年とすべきだ」と語るニュースを見て衝撃を受けました。「働く人の顔が見えていない」としか思えない発言に、現場で熱く語った技術者たちの顔が脳裏をよぎりました。政治家の一言で、彼らの職場がなくなることの理不尽さが腹立たしく、池田さんと岡崎さんにお目にかかったとき、初対面にもかかわらず同志として時間が過ぎるのを忘れて話し続けました。そしてこれを未来ネット（旧林原チャンネル）で配信することにしたのです。

本書は「未来ネット」で行った池田直渡さんと岡崎五朗さんとの鼎談《ていだん》を元に、言い足りなかった点をそれぞれが加筆して完成しました。この場を借りて、鼎談の機会を提供していただいた未来ネットの濱田麻記子社長、書籍にまとめる労をおとりいただいた川本悟史さんと高谷賢治さんに心より感謝申し上げます。

第1章 ガソリン車からＥＶへのシフトに乗り遅れてはならないの嘘

［収録日２０２１年1月12日］

第2章 EVは環境に優しいの嘘《燃えるEV》
――リチウムイオン電池の革新なしに、本格的なEVの普及はない

［収録日2021年1月12日］

第3章 EV推進は株価のため？ テスラ＆イーロン・マスクの功罪――EVが増えてもCO2は減らない

［収録日2021年1月12日］

第4章

中国EV最新事情！「中国製造2025」を読み解く

［収録日2021年2月17日］

第5章 テスラの何が凄くて何が駄目なのか？ EVと自動運転の真実

［収録日2021年2月17日］

第6章 欧州が仕掛けるゲームチェンジの罠——迫るＬＣＡ規制の実態

［収録日２０２１年3月30日］

第7章 トヨタという企業の真実 フォルクスワーゲンとEUのトヨタ潰し

［収録日2021年3月30日］

第10章 クルマに乗る豊かさと人間らしさ

［収録日2021年3月30日］

EV
Electric Vehicle
エレクトリック・ビークル
電気自動車

※本書はインターネット番組「ＥＶ推進の嘘」（未来ネット）を元に、再編集を行ったものです（２０２１年1月～6月配信）
※敬称につきましては、一部省略いたしました。役職は当時のものです。
※写真にクレジットがないものは、パブリックドメインです。

第1章

ガソリン車からEVへのシフトに乗り遅れてはならないの嘘

未来ネット／旧林原チャンネル
配信日2021年1月28日（収録日1月12日）
より

「ガソリン車廃止でCO2削減」の嘘——自動車産業は日本経済を支える大黒柱だ

加藤康子《こうこ》（以下、加藤）： 菅義偉《すがよしひで》総理（当時）が2020年10月の所信表明演説で「2050年カーボンニュートラルの実現」を国家目標に掲げて以来、新聞紙面では毎日のように脱炭素が話題となっています。日本政府は脱炭素実現の目玉として、自動車産業においては電動化を推進し、2030年代半ばにガソリン車の新車販売を廃止するという方針を打ち出しています。なかでも小泉進次郎環境大臣（当時）が「EV化の推進」について度々記者会見で触れていることを、皆さんはご存知でしょうか。

私はその発言について「生産現場やマーケットの実態も把握せず、雇用への甚大な影響も顧みず、ガソリン車廃止とか、EV化とか大丈夫ですか？」と違和感を覚えました。ネットでのコメントを見る限り、私と同様の見解をお持ちの方が多数いらっしゃるようですが、「世界の市場は全部EVになるのに、日本も全部電気自動車（EV）にして何がいけないの？」という意見もありましたので、ここで皆さんと一緒に世界の現状を的確に分析し、政治と産業との関係や、雇用の問題、クルマの未来と新しい時代のモビリティ社会について、考えていきたいと思います。

本書では、自動車業界の第一線で長年活躍されておられる自動車経済評論家の池田直渡《なおと》さん、

図1 GDPの国際比較（2019年）
―主要国のGDPと世界に占める割合―

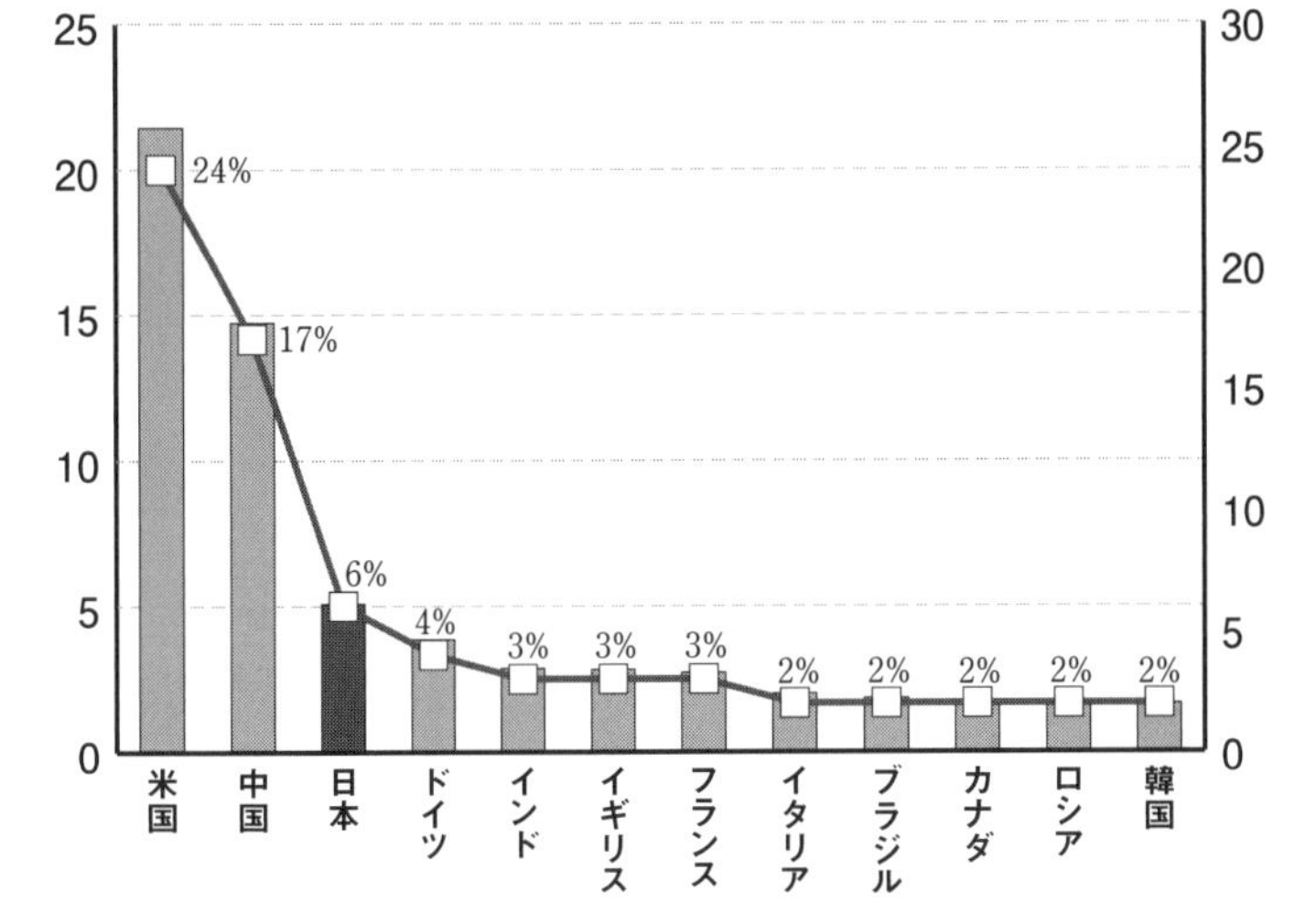

出典:IMF

モータージャーナリストの岡崎五朗さんのお二人をお招きいたしまして、徹底的にこの〝ＥＶ化〟について議論をしていきたいと思っています。

池田・岡崎：よろしくお願いします！

加藤：私は「企業城下町と産業史」をライフワークとしてきました。重工業の現場が大好きで、普段から工場などの生産現場を訪れています。

特に幕末から明治にかけて、涙ぐましい努力により、工業立国の土台を作っていった日本の産業化の歩みについて研究をしてきました。そのときの土台の上に、今の日本の産業は構築され、明治日本のＤＮＡが今も脈々とものづくりの現場に息づいています。明治の日本は、お金はありませんでしたが「工業を興《おこ》す」とい

図2　日本のGDPのうち20%が製造業

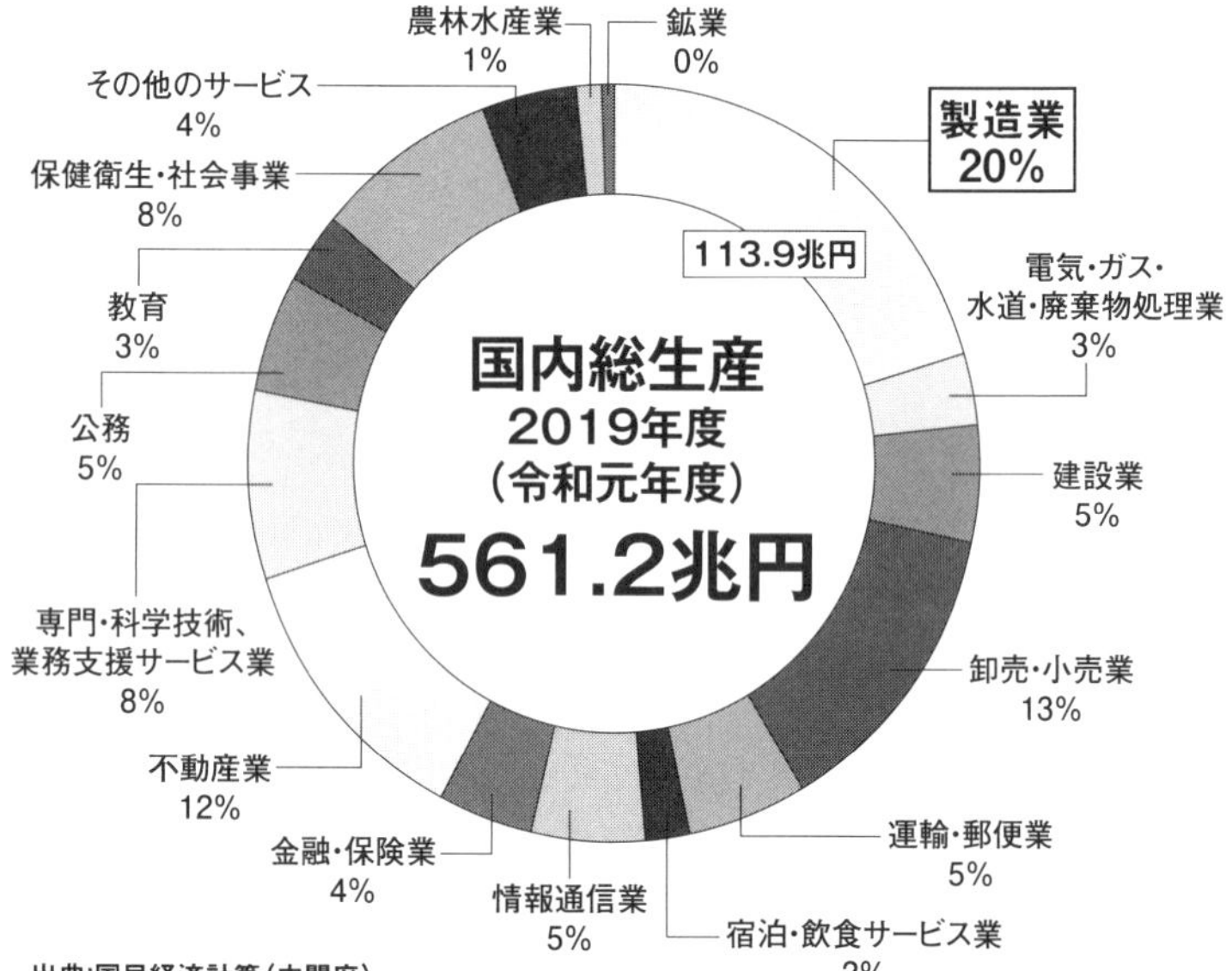

出典:国民経済計算（内閣府）

う国家目標があり、その実現のために世界から人材を迎え入れる器《うつわ》を作り、人を育て、産業を興し、憲法を作り、わずか半世紀で工業立国の土台を築きました。

維新から150年の時を経て、今の日本は、世界経済の一翼を担っています。

米国や中国には大きく水を開けられていますが、1億2600万人の国民が、今、世界第三位のGDPを維持しています。しかし、経済の先行きには大変厳しいものがあります。

2020年の国内総生産でみると新型コロナで大きな影響を受けましたが、全体で537兆円となり、その20%以上を占めるのが製造業です

図3　2018年の主要製造業の製造品出荷額等

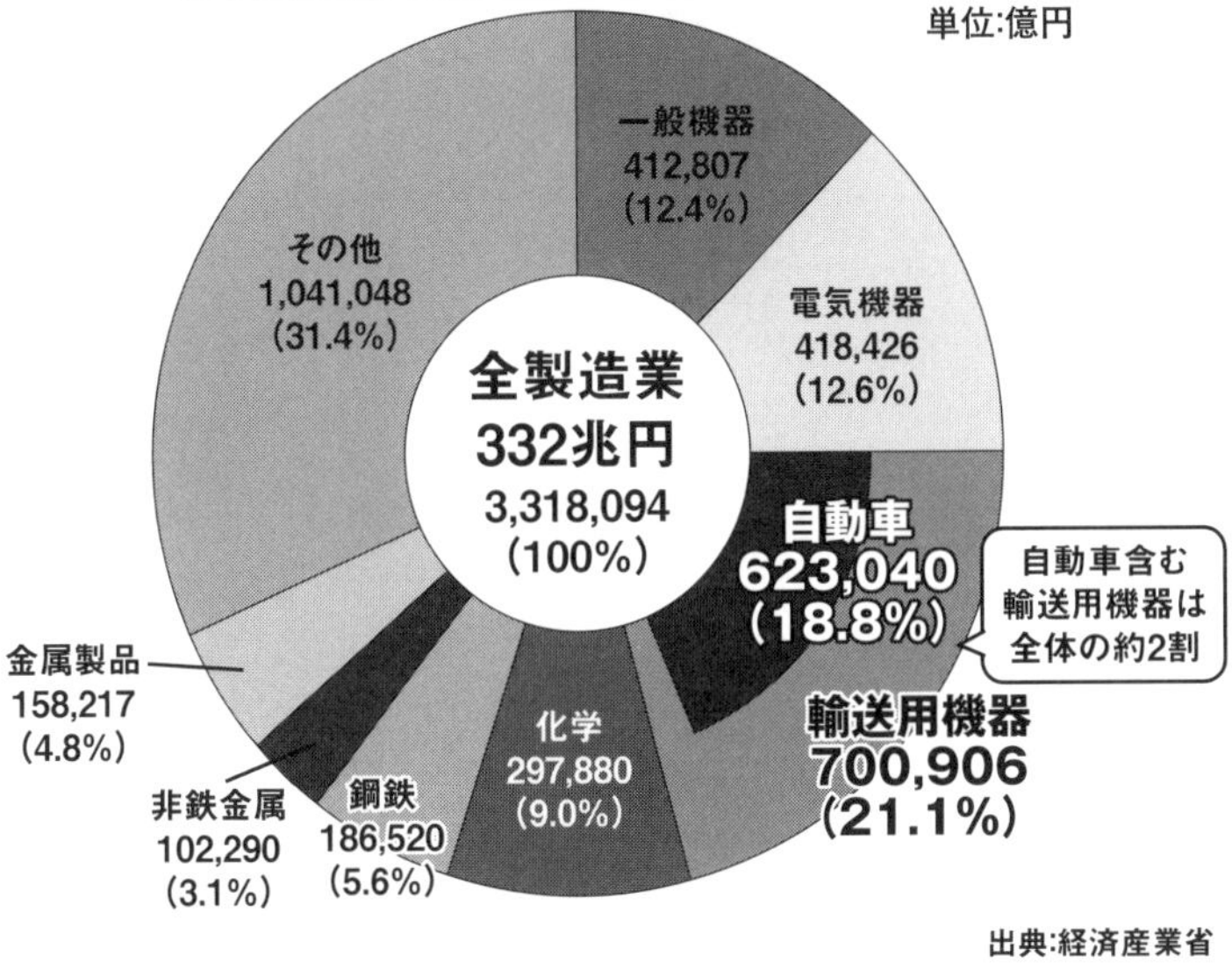

（図２：２０１９年のデータ）。製造業は国力そのものであり、国家安全保障の源です。屋台骨を支える製造業が弱くなれば国力は弱くなり、骨太になれば、国は豊かになります。未来の日本を考えたとき、新しい産業を生み出す力も大切ですが、次世代の日本人が豊かな暮らしを続けるためには、今ある力、これまで築いた工業力をいかに高めていけるかが日本経済にとってまずは重要ではないでしょうか。

なかでも自動車産業は部品・素材・販売・整備・物流・交通・金融と様々な面で、まさに、日本経済を支えています。自動車並びに輸送機器の出荷額は70兆円を超えています（図３）。自動車関連からの税収は約15兆円で、税収全体の15％を占めています。事実上、自動車経済が日本を支えていると言っても過言ではありません。

昨今メディアを通して「**ガソリン車をなくすことこそ、脱炭素＝カーボンニュートラル、CO2削減のために必要である**」という論調がさかんに聞こえてきますが、これについて今のうちに徹底的に議論をしておかないと取り返しのつかないことになるのではないかと心配しています。自動車は国民の足であり、生活の一部であり、暮らしに直結しておりますので、この問題については**国民的議論を展開したい**ですね。自動車産業がなくなったら、日本経済は弱体化し、日本人は豊かな暮らしを送ることが出来ないことを理解したうえで、EV化のような議論は積み上げていかなければなりません。

つい熱がこもって前置きが長くなってしまいましたが（笑）、池田さんはどのように思われますか？　まずは自己紹介からお願いします。

池田直渡（以下、池田）：はい、康子さんの熱気が伝わってきました（笑）。池田直渡と申します。実は私は、自動車でもいわゆる古いクルマ、クラシックカーみたいなところの業界に元々いたんですが、同時に産業としての自動車についてもすごく興味がありました。今回はお声をお掛けいただき、ありがとうございます。

クルマっていうのは出てくるたびに新しい技術が入っていたりするんですが、それはやっぱり世界の規制であるとか、技術のトレンドであるとか、経済情勢であるとか、色んなことに起源を持って開発されているものなんですね。ですから**自動車を見ることは、イコールその背景**

にある社会の動きを見ることともいえるんです。例えばすごく新しい技術が入ったクルマでも、結果的に出来上がりの質が良くないケースも大いにあるんですよね。そこはやはり〈乗って・走って・確かめる〉というように、考えられている計画から現物までを全て確認することを視野に収めて活動している……というのが一応、私の仕事の範疇《はんちゅう》でございます。

岡崎五朗（以下、岡崎）：モータージャーナリストの岡崎五朗です。康子さんの情熱に惹かれてやって来ました（笑）。雑誌やウェブで自動車にまつわる物書きをする傍ら、テレビ神奈川の「クルマでいこう！」という自動車の番組をやって14年目になります。あと、ユーチューブでは池田さんと「全部クルマのハナシ」というチャンネルをやっています。ちなみに、これまで試乗したクルマはざっと4000台です。

加藤：そんなに！　池田さんも？

池田：僕は〝乗る仕事〟もしますが、法規制や企業戦略が主で、それらにちゃんと対応したクルマか否かを乗って確認するという感じですね。

岡崎：そう、池田さんはニュータイプなんですよ（笑）。従来のモータージャーナリスト、あるいは自動車評論家の仕事って、乗ってみて「良かった、悪かった」という性能評価がメインだったんです。まぁ、バイヤーズガイドとしてはそこも大切なんですが、それだけじゃつまらないなと。クルマは数ある工業製品のなかで、最も社会や人々の生活に密着したものなので、「**クルマを見ると世相が見える**」わけです。

アメリカを代表する高級車にキャデラックというブランドがあります。１９６０年代のキャデラックは、それはそれは豪華絢爛《けんらん》なクルマだったんですが、70年代に入ると徐々にその輝きを失っていった。それが僕にはベトナム戦争の泥沼化によって自信を失っていったアメリカの姿を映し出す鏡に見えたんです。僕は車の専門家ですが、日本が元気にならなければ日本車も元気にならないわけで、日本の自動車産業と、日本全体が元気になるにはどうすればいいのかという、そこを軸にまずは話していきたいと思います。よろしくお願いします。

小泉進次郎氏のＥＶ推進発言は日本を滅ぼす

加藤：ところで、２０２０年12月30日の日本経済新聞の一面に、小泉環境大臣（当時）のインタビュー記事がドーンと載りました。これは私にとって衝撃でした。特に**「国際社会はガソリン車からＥＶへ」**と小泉大臣は明言されていらっしゃるところです。

それからＥＶの補助金をこれまでの倍の80万円にしますとか、ＥＶは動く蓄電池として位置づけ、最初はおそらく地域を限定するようですが、〝脱炭素のドミノ〟を日本中に起こすというようなことも仰っています。

さらには、日米同盟のなかで脱炭素を広げたいがために、日米交渉のなかでも日本のガソリン車廃止、特に２０３５年には廃止していくということを協議するとお話しされています。こ

小泉進次郎 © ロイター / アフロ

のへんについて、まずは徹底した議論を出来ればと。

岡崎：いやぁでも、小泉大臣、あれからずいぶん勉強されたんでしょうね。国連気候変動サミット［※1］のときに「石炭発電をどうするんだ」って質問に対し、しばし黙ったあと、「リデュース」（Reduce：減らす）と言いましてね。ポエマーにしてはずいぶん簡潔な答えだなぁと（笑）。

池田：〝セクシー発言〟があったときですね。

岡崎：そうです（笑）。あれね、僕としては、日本には世界最先端のクリーンな石炭発電技術があって、これをしばらくは石炭火力発電に頼らざるを得ない途上国に広めていくのが現実的にはCO_2を減らすことにつながるんだと、だから日本は化石賞［※2］をもらうような国ではないんだって、日本代表の政治家として堂々と言ってほしかったんです。まぁあのときは環境大臣就任直後だったので仕方な

※1　国連気候変動サミット
２０１９年９月22日　小泉進次郎氏が環境大臣として外交デビューを飾ったサミット。気候変動対応は「セクシーに」発言が波紋を呼んだ。

※2　化石賞（**Fossil Award**）
気候変動対策で後ろ向きな行動や、発言をした国に贈られる不名誉な賞。毎年ＣＯＰのセレモニーの一環として授与されている。日本は２度受賞。アメリカは最多の６度受賞。

い、としましょう。それで、あれからずいぶんエネルギーのこと、ＥＶのことなどを勉強されたんだろうなと思います。ただ、残念ながらヒアリングする人を間違えたなと。

加藤：それはどういう意味ですか？

岡崎：２０５０年に向けて脱炭素を計画していくっていうのは、議論の余地はあるにせよまず是とします。ですが、そのためにどうするのかというところで、いきなり「全車ＥＶ化だ！」といっていることが、かなり突拍子もない話なんですね。

これも小泉進次郎さんの発言ですけども「２０５０年までに技術革新を生めばいいと勘違いしている人は間違いだ。いつ花開くかわからないイノベーションだけに頼るのではなく、今の技術と政策の強化で、出来る限り取り組みを徹底していく」と。

これはつまり、「今持っている技術、あらゆる技術を総動員して、脱炭素に向けてみんなで頑張りましょう」っていうことを仰っていると思うので、まぁ納得するところです。でも、クルマの話になるとなんか急に「ＥＶ！、ＥＶ！」になっちゃうんですよ（笑）。ここがかなり矛盾しています。

国際社会は本当にＥＶ化しているのか？

加藤：実際、国際社会はＥＶ化しているんでしょうか？

池田：それについては捉え方が二通りあります。一つはやっぱり政治の世界。ＥＵの各国政府は確かに、「だいたい２０３０〜２０４０年ぐらいの間にガソリン車を徐々に廃止していくよ」ということは言っています。ガソリン車だけなのか、ハイブリッド車も含むのかは皆さん、いずれも玉虫色で、はっきりしたことは言わないんですね。ただそのなかで、ガソリン車を廃止していくということは、確かに政治家たちは言っているんですけど。じゃあそれを実現していく各国の自動車メーカーはどうなんだと。政府と同じ方針でやりましょうってみんなが言っているのかというと、全然そうではない。

加藤：なるほど。一部の政治家が言っているだけだ、と。

池田：例えばヨーロッパでナンバーワン自動車メーカーはフォルクスワーゲングループ（ドイツ）なんですけど、ここは年間１０００万台のクルマを毎年売っているわけです。

彼らは確かにＥＶもやっています。でも、同時にマイルドハイブリッドの新型車もデビューさせているし、合成燃料の研究も進めています。確かに、世界中のメーカーがＥＶもやろうとしているし、やっていないメーカーはほぼないでしょう。

けれどもこれまでに、ＥＶ専業メーカーなんて米国の「テスラ」ぐらいしかなかった。中国にはＥＶ専業メーカーもありますが、中国は経済体制が違うのでそこは別とさせていただきたいのですが。それ以外の国の自動車メーカーのなかで、ガソリン車もハイブリッド車もやめて、ＥＶだけにするなんて公言するところはなかったんですよ（〝ＥＶ専業〟については状況が変わってきており、本書の最後に追加「特別対談」を行い、詳細をお話ししています）。

加藤：そうすると、「国際社会はガソリン車からＥＶへ」っていう話は……？

池田：つまり、**各国政府がふわふわと言っていることを、メディアが真《ま》に受けて報道しているだけ**、という話です。

例えば、フォルクスワーゲン（以下、ＶＷ）は、今まではディーゼルエンジンを主力にしていました。ディーゼルエンジンというのは、トラックなんかに積んでいるもので皆さんよくご存知だと思うんですけども、あれ、実はCO_2の排出量が少ないんですよね。普通のガソリン車の４分の３程度です。それにディーゼルの開発はまだ続けています。

岡崎：メディアは本当に罪深いと思う。各国政府の言ってることだけじゃなく、メーカーが目標として発表したことまで、得意の「切り取り」で報道しますからね。

ＥＶ信奉者が認めない合成燃料の道

池田：それからもう一つ、次世代に向けて、**e-fuel（イーフュエル）**［※３］というものもあります。

これは水素を中心にして二酸化炭素と化合させるなど、様々な技術で作られる化学的で脱炭素な新世代の合成燃料の一種なんですけど、今までのガソリンの代わりとしてエンジンの中で燃やせるんですね。しかもこれは、e-fuel １００％にしなくても、色んな燃料と混ぜて使える。だから技術の進展と新しい燃料のコストダウンに応じて、例えば最初は10％、コストが下がっていったら20％みたいな形で、既存の産業と折り合いをつけながら、なおかつＣＯ２の削減に向かってステップバイステップで進んでいける優れものなんです。だから本当は、小泉大臣は、こういうことを進めなきゃいけないわけですよ。

岡崎：そうなんですよね、**「脱炭素をするにはＥＶにするしかない」っておそらく誰かに吹き込まれてますね。**それは、ＥＶメーカーの人かもしれないし、ＥＶ好きな人かもしれない。それで、「そうなんだ！」となっているとしか思えない。

池田：ＥＶファンの一部には、極端に排他的な人がいるんです。なぜか「ＥＶだけが世界を救える」と主張するんです。そういう人は「ＥＶ真理教」と揶揄《やゆ》される場合もあります。

岡崎：でも実は世の中には技術ってたくさんあるんです。人間の知恵は無限ですからね。

加藤：そうです！　知恵も技術もフルに使いましょうよ。

岡崎：ＥＶはやります。でも他のものもやる。ハイブリッドで燃費を下げていくこともやる。水素もやる。そうやって我々が持っているあらゆる技術を総動員して、ＣＯ２を減らしていく

※３　e-fuel（イーフュエル）
再生可能エネルギーで発電した電気を使って作った燃料のこと。水素と二酸化炭素の合成液体燃料。新世代の燃料と言われる。electro fuels。

ことを皆で考えていけばいいんです。でもなぜかクルマのことになるとEVだけの話になってしまうのが不思議でなりませんね。

日本の自動車産業は出遅れのガラパゴスなのか？

加藤：例えばヨーロッパでも「EV化だ！」と言われていますけど、EVじゃなくてe-fuelをどうやって開発しようかっていうところに目が向いているメーカーもいるわけですね。

池田：要するに、今考えなきゃいけないのは「一つのことをやっておけばダイジョブだ!!」という〝短絡思考〟ではありません。例えば、ダイエットするのに「あなた、リンゴだけ食べていれば痩せますよ」みたいなのって、だいたい嘘じゃないですか。そうじゃなくてバランスよく全てのことをやらないと成功しないんですよね、何事も。

岡崎：さすが、ダイエットの話なら池田さん（笑）。

池田：お任せください（笑）。「日本のメーカーはEV開発に出遅れた」とか、「ハイブリッドにいつまでも固執しているからガラパゴス化するんだ」とかメディアは言っていますが、**日本のメーカーは世界で一番多様なトライアルをしています**。それは決してガラパゴスでもなんでもないんです。

例えば、プジョー（フランス）はステランティスっていうグループの傘下にいますが、VW

に次いでヨーロッパ第二の大きな自動車メーカーです。そのプジョーのジャン・フィリップ・アンパラトさん（当時ＣＥＯ）が２０１９年に来日したときに僕はインタビューしたんですけど、この方が仰っていたのも「ＥＶ一本化なんてしないよ、それより何を選んで買うかは、この自由経済のなかではお客さまだ。お客さまがキングなんだ」と。「だから、お客さまが今のその地域の規制であるとか、コストであるとか、社会的な要請であるとか、色んなものに合わせて自由に選べるように様々なシステムを作るのが、メーカーのあるべき姿勢なんだ」とハッキリ仰っていました。

加藤：いいこと言いますね。

池田：日本のメーカーがやっていることと、ＶＷのやっていること、それからステランティスがやっていること、それらは基本的に同じなんです。「日本はガラパゴス」だなんて、本当に「誰がどこで言い出しているデマなんですか？」って言いたいですね。

岡崎：むしろ２０３５年以降、エンジン車はおろかハイブリッド車の販売すら禁止にしているイギリスこそ、世界的に見たら最たるガラパゴス思考だと思いますね。米カリフォルニア州でもそういう話が出てますけど、あれは一部の政治家などがちょろっと口を滑らせてメディアにそう言っただけのことで、実際は何も決まってないっていうのが真相です。最後に「じゃあ本当にＥＶだけにするの？」って記者から質問が出ると「そこは情勢を見て」みたいな、割とグレーな物言いなんですよ。

小池都知事の暴走発言

加藤：なるほど。小池都知事も何か似たような発言をされていますね（笑）。

岡崎：ええ、これはもう本当にひどいです。「２０３０年までにガソリン車廃止［※４］」と発言していらっしゃいますが（２０２０年12月８日、都議会での発言）、国が２０３０年半ばに廃止するんだったら東京は２０３０年にしようって……。「うちの方が早くてエライぞ！」っていう意図としか考えられない。だから話の中身としては、まったくもって井戸端会議レベルなんですよね。

池田：まったくお粗末な話です。だって言っていることが小学生レベルでしょ？「俺の方が早いぞ！」っていうやつですよ。

岡崎：うん、まったくそれだね。

小池百合子 © つのだよしお／アフロ

加藤：メーカーはたまったもんじゃないですよね。10年、20年かけて、素晴らしいエンジンを作るために、技術者たちはまさに全身全霊、人生をかけて取り組んでいるわけですよ。一台のクルマを作るのに本当に多くの人が関わっているわけじゃないですか。それがこういう発言で壊されてしまうことに私は本当に憤《いきどお》っているんです。

岡崎：その通りですね。もちろん環境問題は人類にとってとても大事なことですが、それがどうも政治家の人気取りに使われてることには虫唾《むしず》が走ります。

加藤：小泉大臣も小池都知事も発言が軽すぎます。働く人の顔が見えていない。

池田：人気取りということでは小池さんの方がより濃厚ですよね。それまでそういうことを考えていた節がないんですから。

岡崎：環境問題って「錦《にしき》の御旗《みはた》」というか、誰も反対しにくいことじゃないですか。それを人気取りに使う政治家はこれからもどんどん出てくると思いますよ。でもそういう動きが行きすぎたり、誤った方向に向かったりすると、国はどんどん貧しくなります。我々はそこをしっかりとチェックしていかなくてはいけません。

豊田章男・自工会会長による緊急記者会見

加藤：そんな政治家の動きに対して、豊田《とよだ》章男・自工会会長（一般社団法人 日本自動車工業

※4　**【日本の政治家による主なガソリン車廃止発言】**　※肩書きは発言当時のもの
２０２０年12月４日　小泉環境大臣（記者会見）２０３０年半ばではなく35年と明言すべき。
２０２０年12月８日　小池都知事（都議会）２０３０年までにガソリン車廃止。
２０２１年１月29日　菅義偉首相（ダボス会議）２０３５年までに新車販売の１００％を電動化と世界に宣言。

会／以降、自工会）の発言に大変に注目が集まりました（2020年12月17日のオンライン記者会見）。

池田：自工会っていうのを簡単に説明しますと、日本の自動車産業のみんなが集まり、「自動車産業全体の調和を図って、より健全な発展をしていきましょう」という主旨で作っている会ですね。

加藤：私はこの自工会の会長コメントに本当に衝撃を受けました。会長は相当厳しいことを仰っています。

自工会・豊田章男会長
画像提供：日本自動車工業会

〈自工会・豊田章男会長発言（2020年12月17日）のまとめ〉

・2050年のカーボンニュートラルを目指す菅総理の方針に全力でチャレンジする
・ただしサプライチェーン全体で取り組まなければ、国際競争力を失う恐れがある
・欧・米・中と同様の政策的財政的支援を要請したい
・自動車業界として、CO2排出量削減、平均燃費向上は実現している
・国家のエネルギー政策の大変化なしには達成は難しい
・国内の乗用車400万台を全てEV化したら、原発がプラス10基必要
・充電インフラの投資コストが、約14兆円から37兆円必要
・電池の供給能力は、今の約30倍以上必要（コスト2兆円）

・ものづくりを国内に残して、雇用を増やし税金を納めるという自動車業界のビジネスモデルが崩壊してしまう
・自動車産業はギリギリのところに立たされている

池田：なかでも最も衝撃的だったのは、「**もし日本の乗用車４００万台を全てＥＶ化したら、原発をプラス10基作らないと電気が足りない**」というところですね。冬場とか夏場なんかは日本中の電力が逼迫《ひっぱく》して大変なことになるんですけど、国民の日々の営みより、ＥＶ化の方が大事だなんて、とんでもない事態です。電気を送るためのインフラ、充電するインフラ、集合住宅に住んでいる人たちのための充電システムを含め、ありとあらゆるものが足りない。
加藤：なんと、ＥＶ用の充電器を設置するには、37兆円分のインフラ投資が必要だそうです。
池田：それを「明日からすぐやれっていうけど、小泉さん、出来るんですか？」と問いたい。そんなこと出来ないですよね。さらに小泉さんは「２０５０年までにやればいいんだっていうのは間違いで、もっと早くやるんだ！」と仰るけど、じゃあ何年までにやるのが正しいと言えるんですか？　設計図を予算計画付きでちゃんと書いて示してくださいよ。現実的な作業日程を各企業に配ることは果たして出来るんですか？　プロジェクトってそうやって回すもんでしょう。でもその設計すらしてない段階で、ただ「早くするのが正しい」って言われても、それはただの絵に描いた餅です。それだったら明日やれといった方がもっといいじゃないです

かって……、小池さんと同じ話になってしまうわけですよ。

加藤：まったく軽薄ですね。

岡崎：この豊田会長の発言は5分ぐらいで読めますし、これが今の自動車産業界と日本の全てなので、皆さんじっくり読んでください（第1章の終わりに全文を掲載しています）。

池田：トヨタ自動車社長の豊田さんじゃなくて、〝自工会会長の豊田さん〟の発言であることも重要です。

EVにすれば万事OKの嘘

岡崎：これまでクルマの評論は専門家がするものでした。ところがEVという新しいジャンルが出てきた結果、色々な分野の人がEVについて語り始めたんですね、ITジャーナリストとか。

池田：経済評論家とか。

岡崎：そう。それ自体はとてもいいことなんですが、いざ読んでみると、どうも「EVになったら世の中バラ色」っていうようなことを仰る方が多い。僕らは日々自動車産業のエンジニアと接することが多くて、実際に話を聞いているわけですね、現場で。で、誰もが「すぐに全部EVなんて無理」って言うんですよ。これはもう日本のエンジニアだけじゃなく、海外の自動車メーカーでも同じです。「トップはああ言っているけど、すぐに全部EVなんて無理」って現場のエンジニアはみんな言っています。

池田：ＥＶそのものが無理っていう意味じゃないんですよ。ＥＶも大事な技術です。ただ現実問題として全部をＥＶにするのは無理だけど、一部適性がある人たち（あるエリアの人、例えば持ち家で充電器がすでに付いているとか、お財布に余裕がある人）であれば、結構ＥＶで楽しい生活は出来る。

岡崎：でも日本中の、ましてや世界中のクルマを短期間のうちにＥＶ１００％にするというのは絶対に無理な話なんです。

池田：そうです。「どこでも、誰でもＥＶ」っていうのにはまだまだ限界があります。そこを支えているのが、高効率の内燃機関、要するに低燃費の普通のエンジン車やハイブリッド車なんです。そういった色んな技術が、言ってみれば、ＥＶという独り立ち出来ない息子を支えているわけですよ、お父さんとお母さんとして一生懸命に。

脱炭素社会と日本の製造業（ものづくり）の行方
――日本のＧＤＰを高め国民全体が豊かになる方法

加藤：ＥＶについての問題は多岐にわたります。特にバッテリー、リチウムイオン電池の問題点については次の第2章でシッカリと議論しましょう。

私が特に不安に思うのは、このカーボンニュートラル、脱炭素の問題が、再エネ賦課金《ふかきん》として電力料金に跳ね返り、各家庭にも大きな負担になるという点です。またカーボンプライシングみたいな話も出てきているじゃないですか。ただでさえ厳しい環境規制と税負担を強いられている企業の生産活動に、さらに負荷がかかることです。

岡崎：炭素に価格をつけて、CO2を排出した企業や家庭にお金を負担してもらおうって話ですね。

池田：脱炭素がこれからより身近な問題になっていくということです。

加藤：実際に、豊田会長が記者会見のなかでも仰っていましたが、カーボンニュートラルな脱炭素社会になると、いったいどういうことが起こるのか？

まず発電でCO2を出さないことを考えていくと、電源が原発の割合が高いところ（国）で生産をすれば、CO2の排出が少ないということになります。そうなると、このままでは〝**日本でものづくりをすることが出来なくなる**〟ということが考えられますよね。

池田：脱炭素のためには、原発か再生可能エネルギー（太陽光／風力／水力等）を使わなければ意味がありません。日本の原発＋再生可能エネルギーって25％もないくらいで、75％は化石燃料（石炭・石油・天然ガス）による発電なわけですよね（2020年のデータ）。でもそのなかには実はCO2を回収するなど、日本が発明したCO2排出量をものすごく少なくしたシステムもあるんですよ。

岡崎：あまり評価されていませんけどね。

池田：そんな涙ぐましい努力をしている日本と違って、再生可能エネルギーが１００％に近いノルウェーなどは、人口も少なくエネルギー自給率が７００％とかいう国です。ほとんど水力発電だけで賄うことが出来てしまうんですね。北欧諸国はよく脱炭素優等生として紹介されますけど、世界的にも恵まれた特殊な環境がそうさせているのであって、ほかの世界の国々はそんなことは出来ないんですよ。

岡崎：日本の場合、ダムの適地はすでに開発され尽くしていますし、太陽光発電にしても国土面積当たりの太陽光発電設備容量は、主要国のなかではすでにトップクラス。平地面積でみれば2位のドイツの2倍とダントツです。小泉環境大臣はもっと増やすと言ってますが、じゃあ土地の確保はどうするのか。山林を切り拓いて太陽光パネルを設置するのは治水面のリスクを含め本末転倒の話でしょう。頼みの綱の洋上風力発電も、技術面、コスト面で実用化はまだまだ遠いのが現状です。

加藤：なるほど。それではこちらの図4をご覧いただけますか。ほぼ同じ人口の町を比べてみたものです。ちなみに地域経済を考えるときには、だいたいこういう指標を作るんですね。

一方は、トヨタの「ヤリス」を作っている工場が立地している宮城県大和《たいわ》町です。東日本大震災のあと、雇用を作るために、トヨタは復興支援のひとつとして工場建設したと伺っています。こちらを見ると地域経済の68・5％を製造業が占めています。総生産は２８１５億円です。

図4　自動車産業都市と観光都市の比較について
《TOYOTA大和町、熱海市総生産比較》

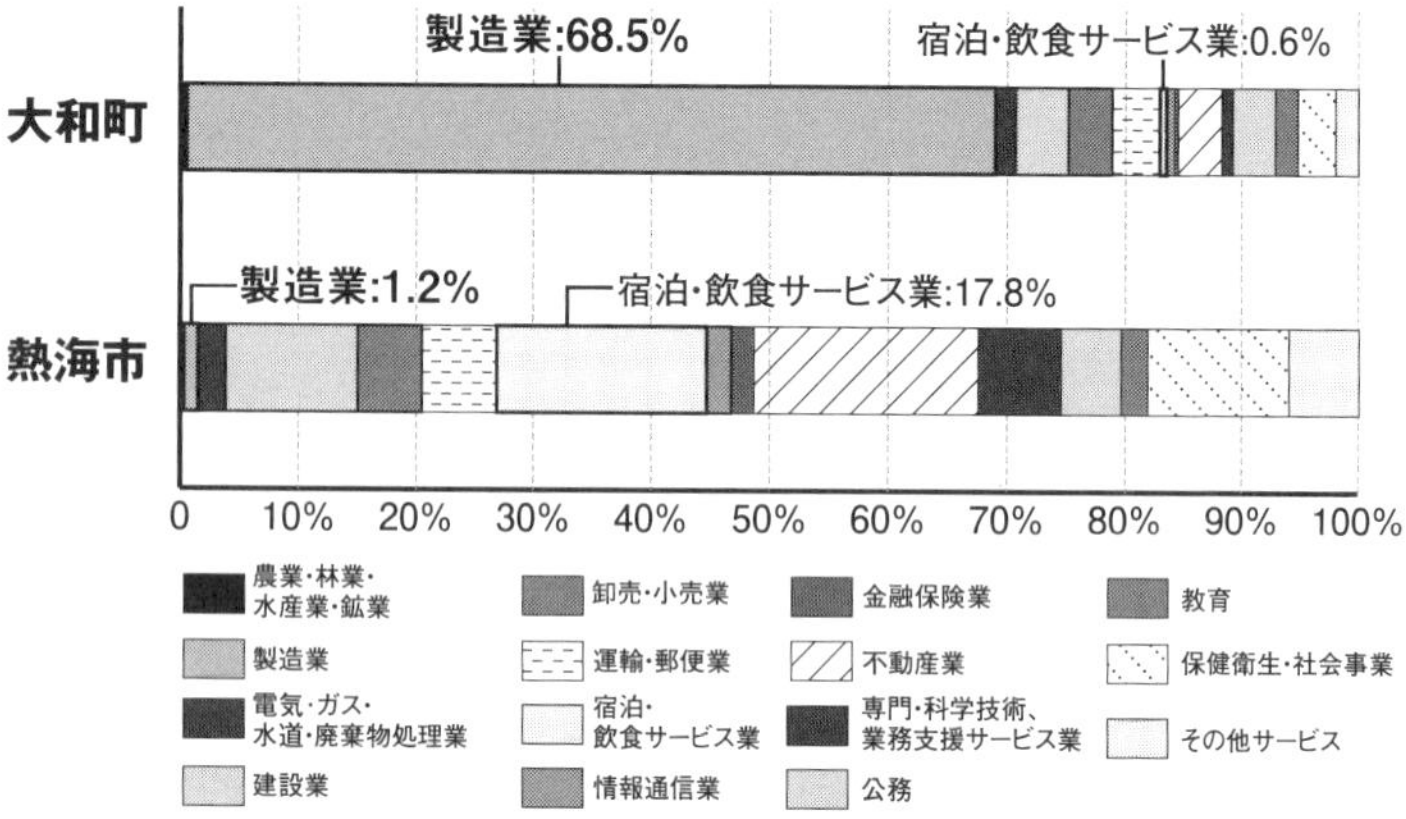

大和町	人口:28,788人 総生産:2815億円 1人当たり:978万円
熱海市	人口:37,576人 総生産:1427億円 1人当たり:379万円

出典:宮城県HP、静岡県HP／2017年　グラフ作成:加藤康子

もう一方の、静岡県の熱海市は観光の町で、大和町より１万人多い３万７０００人の人口を有しており、比較してみますと、熱海市の総生産は１４２７億円。つまり大和町は熱海の約２倍の総生産ですね。政府はインバウンドの観光に旗を振っていますが、こういった例を見ても、製造業が国内で生産していることによって日本のＧＤＰは維持出来ているわけです。逆に日本から工場が外国に出て行くと、日本はどんどん貧しくなる。

池田：トヨタの豊田社長が考えたのは、「東北の復興のために一時的にお金を出したのではそのときにしか役に立たない、継続的にその地域に富が落ちる仕組みを作るために、ヤリスの工場を

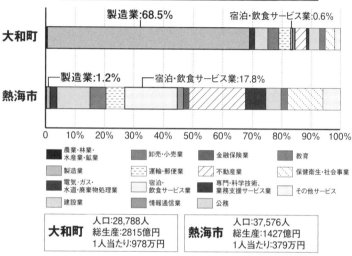

東北に建てるんだ」と言って、大和町に工場を作ったわけですね。豊田社長だけじゃないですが、その視野の広さというか、やはりこの国の豊かさをきちんと支えていくっていう企業の覚悟みたいなものがあって、こういうことはもっと多くの人に理解されてほしいですね。

加藤：海外に工場を移して、マーケットで生産する方が、人件費、電力など生産コストも安いし、物流のコストも削減出来ます。だけど、日本でものづくりを続けていってもらわないと、私たち国民の暮らしが維持出来ないわけです。豊かにならない。今やどんどん自動車産業は海外に出て行っていますが、これからもっと日本から出て行って、海外で生産するようなことになったら、日本の経済はガタガタになってしまうでしょう。

池田：例えばトヨタは、国内工場では年間３００万台の生産を死守すると言っています。今、国内で売られているクルマは１４０万台ぐらいなので、半分以上は海外に輸出しているんですね。

でもそれをやっていると、実は為替で決算ごとに大損してしまうんです。へたをすると１０００億円レベルの損です。それにも関わらず国内で作るのは、国内の雇用を死守すること、それから製造というのはやっぱり技術産業なので、その技術をちゃんと国内で養成して維持していくためには、３００万台のレベルを維持しないと無理だよっていうことを、豊田社長は決算のたびごとに説明しているわけですよ。

岡崎：地方都市の豊かさは製造業が支えている。観光業の比ではないってことですね。

加藤：そうです。組み立て工場だけではなく、自動車メーカーには多くの協力会社があり、中

図5 自動車産業都市と観光都市の比較について
〜SUBARU太田市、那覇市総生産比較〜

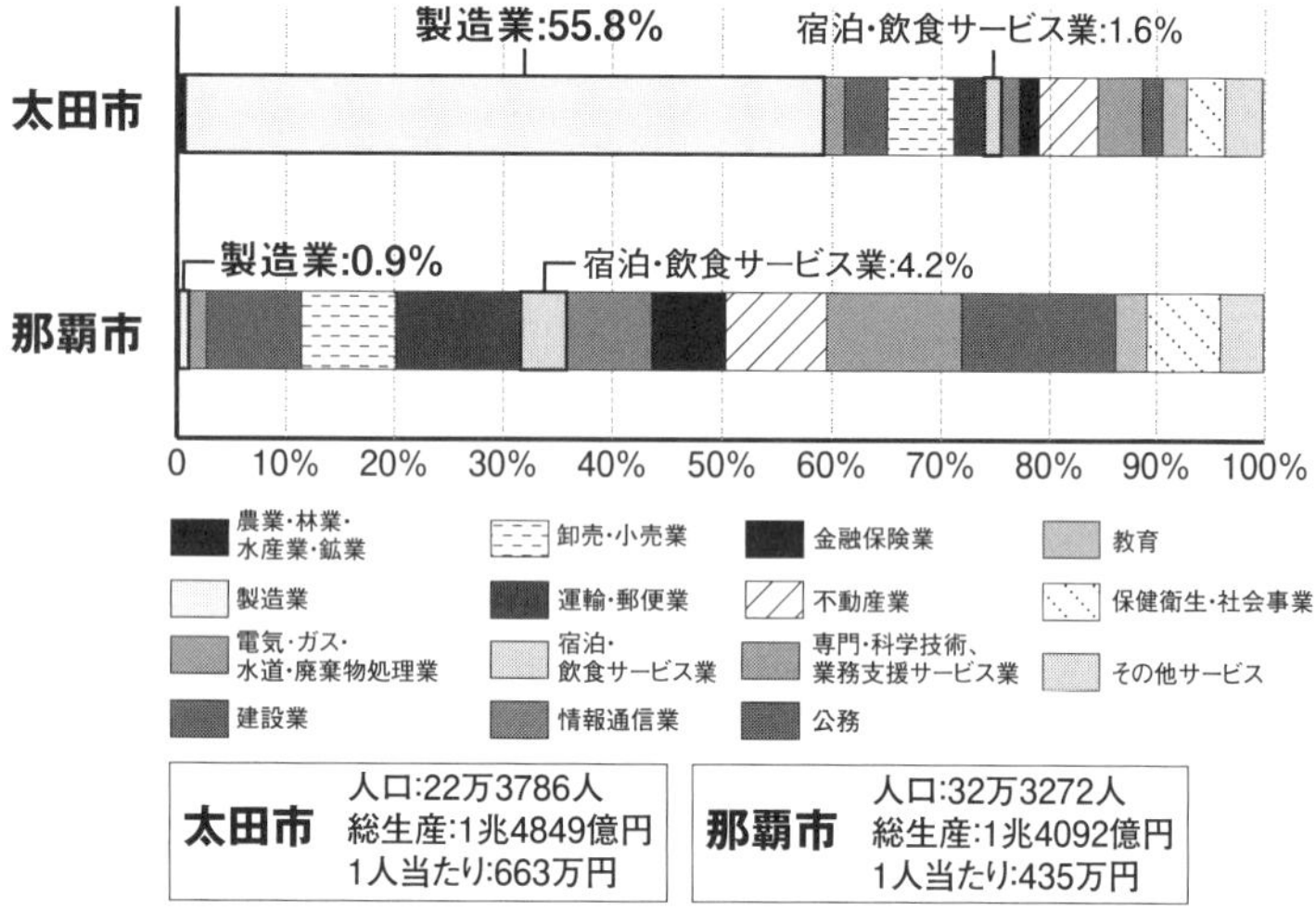

出典:群馬県HP、沖縄県HP／2017年　グラフ作成:加藤康子

小の下請け部品メーカーが地方経済を支えています。地方の財政基盤にも直結しています。その地域の福祉やインフラにも影響しますよね。

もう一点例を出します。こちら図5を見ていただきましょう。今度は沖縄の那覇市と、群馬の太田市を比べたものです。

太田市はスバルの企業城下町ですね。この太田市は55・8%が製造業、ほぼスバル関係の売上げで、1兆4849億円です。で、那覇市を見てみますと、観光だけでなく不動産など多角的な財源がありますが、それでもやはり飲食や観光が主軸です。10万人の人口の差があっても、総生産は1兆4092億円とほぼ太田市と同じです。製造業をその地域が持っているか持っていないかによって、税収が大きく変わると言ってよいでしょう。

岡崎：地域の総生産は国民全体の豊かさに直結するってことですね。

加藤：はい。日本国内で工場が生産を続けている限り、国民の豊かさと直結します。自動車工場は、それこそボディに使う鋼板だって国内で調達するわけですし。

岡崎：窓ガラスや全ての自動車のパーツまで含めれば、ものすごく多くの大小様々な企業が関わる産業であって、メーカーが組立工場を動かしているだけではないんですよね。実際、自動車産業の経済波及効果は「2・5」と言われています。携帯キャリアあたりはせいぜい「1」ちょっとじゃないですかね。つまり、200万円のクルマを1台生産すれば、世の中に500万円のお金が回るということ。それだけに、**自動車産業がダメージを受けたら日本の産業に甚大な影響が及ぶ**ことになります。

ＥＶ化で失われる日本の雇用550万人⁉

加藤：2021年の豊田会長の年始の挨拶では、自動車産業で働く550万人の人々を鼓舞する熱いメッセージを送られていました。550万人というのは日本の雇用者数の10％です。そして我々は日本の総生産の15％を支えているんだということを仰っていました。やっぱり自動車産業がこれからも日本国内で頑張り続けていただかないと、私たちの未来は良くならないのです。

池田：我々がなぜ今、ＥＶの話をしているのかといえば、**このＥＶ化の議論の進め方一つによっては、日本でのものづくり産業が途絶えるかもしれない**、ということですから。

加藤：そうです。あるのはただ危機感のみ。

池田：この脱炭素とＥＶの問題を、これからみんなでどう議論をして、どう着地させるかということに、我々の未来がかかっているんですよ……というのが、この『ＥＶ推進の罠』の議論を始めるに至った、最大の理由なんですね。

岡崎：仰る通り！　で、どうも色んな動きや発言を見ていると、日本政府はこの５５０万人の人たちのことを考えて政策を進めているんだろうか、進めてほしいな、ちょっと心配だな、不安だな、大丈夫なのかオイ！　というところが多大にあるんですね（笑）。

加藤：菅総理（当時）は所信表明演説で脱炭素に触れられていますが、特に総理の言葉のなかで目立ったのは〝グリーンとデジタル〟です。他に農業と観光は出てきましたけど、日本のものづくり、自動車産業や製造業、技術革新を応援するんだぞ、という言葉は出てこなかった。日本のものづくりの重要性がほぼ感じられなかったと思うんですけど、「日本の経済成長ということは考えていないのかな」と、心配になりました。

池田：脱炭素の話については、きちんと丁寧に説明しなきゃいけないところなのに、ちょっと乱暴に言い切っている感じがあります。段階を追ってカーボンニュートラル、脱炭素のための技術革新をしていくことが、日本の経済的発展にも寄与するんだっていう考え方そのものについては、僕らは全然否定する気はないですよ。

岡崎：ないですね。

池田：ただ、その進め方が、「ちゃんと現実的なものになっていますか？」と。急に一足飛びに進んだり、前しか見ないで走ろうとしたりすると、転んでしまって、あとで取り返しのつかない事態になる恐れが大いにありますよ、ということですね。

ＥＶ化は日本の経済成長に貢献しない可能性

加藤：ではズバリ聞きますが、ＥＶ化は日本の経済成長に貢献しますか？

池田：歩調を間違えなければ、そういう可能性はあると思っています。ただ、すごく色んなところに〝**落とし穴**〟があるので、丁寧に進めないと、これは**百年に一度の大失敗**の元になる、と思っています。

加藤：これまで築いた日本の製造業、自動車産業の土台を崩すことになりかねないということでしょうか？

池田：簡単な問題ではないのですが、あえて少しギュッと圧縮して言いますと、第一に、バッテリーが日本国内できちんと生産出来るようになるのならば、プラスです。だけれども、これを中国からの輸入で賄うっていうところに着地したら大変です。

実は、EVって原価の約40％はバッテリーが占めているんです。ということはさっき言った、550万人が稼ぎ出しているGDPの15％のうちの40％が、中国に流出するってことなんですよ！　これは本当に大変なことなんです。そうならないように、きちんとルートマップを作って、その40％を流出させないやり方でEVを作っていくんだったら、僕は賛成出来るんです。

岡崎：はい。でも今の政府の感じだと、そういう大事な前提の話を無視して、ただ単にEVオンリー。池田さん、明日からリンゴしか食っちゃ駄目だからって言われてるようなもんですよ（笑）。

池田：（笑）まったくね、絶対無理。

岡崎：「リンゴだけじゃちょっと頑張っていけないよ」っていうね。つまり、そこの色々なバランスを見ながら、**どうすれば一番日本の強みを生かしていけるのか**ということです。そして何よりも重要なのは、**自動車ユーザーのニーズを満たしながら、CO2をいかに減らしていくか**……ということです。これはもう一**企業の問題ではなく、総力戦でしかあり得ない**ので、リンゴダイエットをしているだけでは駄目なんです。そこを僕らもこの本で色々提案していきたいと思いますね。

加藤：はい。是非よろしくお願いします。

まず初めは、自動車産業がいかに日本の国益にとって重要か、というお話に集約しましたけれど、次はなぜEV化がこれほど騒がれるのか、ということの真相を暴いていこうと思っています。さらには、中国の大きな戦略に、日本が呑み込まれていくのではないか、といった危惧《きぐ》についても、徹底的に議論します。

岡崎：EVっていうものが、どうも世の中、あるいは政治の一部で、万能薬として推奨されてきてしまっていることに対する警笛を鳴らせるのではないかと思います。「だってEVっていいものでしょ?」って思ってらっしゃる方も多いと思うんですけれども、「いやちょっと待ってくださいよ、そうでもないんですよ。実はね……」という話もしていきたいんですよね。

池田：EVが全て悪いというつもりはまったくありません。EVの良いところもあるんですけど、適材適所といいますか、「何にでも効く万能薬なんてないんですよ」っていうことも皆さんにはご理解いただきたいと思っています。

日本自動車工業会 豊田章男会長 オンライン記者会見 全発言掲載（2020年12月17日）

「EV化するなら原発10基分の電気が足りない。日本の自動車産業はギリギリのところに立たされている」

画像提供：日本自動車工業会

今朝《けさ》方理事会がございまして、自工会としては2050年のカーボンニュートラルを目指す菅総理の方針に貢献するため全力でチャレンジすることを決定いたしました。ただ、**画期的な技術ブレークスルーなしには達成が見通せず、サプライチェーン全体で取り組まなければ、国際競争力を失う恐れ**がございます。

大変難しいチャレンジであり、**欧・米・中と同様の政策的財政的支援を要請したい**と思っておりますが、ちょっと補足させていただきます。

今まで自動車業界としては、CO2排出量も2001年度から18年度を比べますと、01年度2・3億トンだったのが、18年は1・8億トンと、22%削減をしております。

平均燃費も01年度のときには、JC08モード［※1］で13・2km

／Lだったのが、18年度は22・6㎞／Lに向上し、71％向上しております。次世代のクルマの比率は08年度は3％だったのが、現在19年度は39％、これも36％上がってきております。

電動化比率［※2］はご存じのように、世界第2位の35％。1位はノルウェーの68％ですが、これは絶対台数でいきますと、ノルウェーの10万台に対しまして、日本は150万台です。作っている工場自体も、工場のCO2排出量は09年度の990万トンから、18年度は631万トンと36％削減をしております。

自動車会社が作る、そして使う、ものを売る、というところでは結構努力をしておりますし、データ上もこうやって結果が出ていると思います。「カーボンニュートラル2050」と言われますが、これは**国家のエネルギー政策の大変化なしにはなかなか達成は難しい**ということをぜひともご理解いただきたいと思います。

例えば、**日本では火力発電が約77％、再エネ（再生可能エネルギー）とか原子力が23％**の国であります。片やドイツとかフランスは、この火力発電が、例えばドイツですと6割弱、再エネと原子炉が47％、フランスは原子力中心になりますが、89％が再エネ&原子力で、なんと火力は11％ぐらいです。

※1　**JC08モード**：1リットルの燃料で何㎞走行出来るかを測定する燃費測定方法の一つ
※2　**電動化比率**：動力源にモーターを利用するハイブリッド車（HV）、プラグインハイブリッド車（PHV）、電気自動車（EV）、燃料電池車（FCV）の合計の割合

ですから、大きな電気を作っている事情を絡めて考えますと、例えば当社の例になってしまいますが、「ヤリス」というクルマを東北で作っているのと、フランス工場で作るのは同じクルマだとしても、カーボンニュートラルで考えますと、フランスで作っているクルマの方がよいクルマということになります。

そうしますと、日本ではこのクルマは作れないということになってしまうんですね。それと、あえて申し上げますと、ＥＶ化でガソリン車を廃止しましょう、ＥＶ化にしましょうってよくマスコミ各社も「電動化イコールＥＶ化」ということで対立的に報道されますけども、実際ですね、**乗用車４００万台をすべてＥＶ化したらどういう状況になるか**、ちょっと試算をしたのでぜひ紹介させてください。

夏の電力使用のピークのときに全部ＥＶであった場合は、**電力不足に陥ります**。解消には**発電能力を10～15％増やさないといけません**。

この10～15％というのは実際どんなレベルかというと、**原発でプラス10基、火力発電であればプラス20基必要な規模**ですよ、ということをご理解いただきたいと思います。

それから保有すべてをＥＶ化した場合、**充電インフラの投資コストは、これは約14兆円から37兆円かかります**。

自宅のアンペア（充電用電力設備）増設は約10万から20万円、集合住宅の場合これは50万から１５０万円。さらに急速充電器の場合は平均６００万円の費用がかかります。**合計約14兆円**

から37兆円の充電インフラコストがかかりますよ、という実態です。

EV生産で生じる課題としては、例えば、**電池の供給能力が今の約30倍以上必要になる**ということです。そうしますと、コストで約**2兆円**。それから何よりも、EV生産の完成検査時には、いわば消費される電力がございます。

例えばEVをやる場合、その完成検査時に充放電をしなきゃいけないので、現在だと**1台のEVの蓄電量は家1軒の1週間分の電力に相当**します。これを年50万台生産の工場だとすると、1日当たり5000軒分の電気を充放電することになります。

火力発電でCO2をたくさん出して電気を作り、そのうちの各家庭で使う**1日当たり5000軒分が単に充放電される**……そのぐらいやらないと維持出来ませんんよ、という世の中になることをわかって、政治家の方があえて**「ガソリン車を無しにしましょう」**と言っておられるのかどうなのか。そのへんはですね、ぜひ正しくご理解いただきたいと思っております。

これは**国のエネルギー政策そのもの**でありますし、ここに手を打たないと、この後、この国では**〈ものづくりを国内に残して雇用を増やし税金を納める〉という自動車業界が現在やっております**ビジネスモデルが崩壊してしまう恐れ**があるということは、是非とも皆様方に、ご理解たまわりたいと思います。

ちなみに今年コロナ禍において、就業者数が日本全体では93万人減ってきております。しかしながら、**自動車業界は11万人を増やしております**。これがもし仮に、カーボンニュートラルで、日本で作っているクルマはＣＯ２の排出が多いため作れなくなる、ということでありますと、コロナ禍においても増やしていくような雇用が、へたをしたらゼロかマイナスの方へいってしまう。

これが本当にこの国にとって良いことなのか悪いことなのか、そのへんはですね、皆さまのご良識にお任せいたしますが、是非ともですね、**自動車産業はそういうギリギリのところに立たされております**ので、正しい情報開示を、よろしくお願いしたいと思います。

豊田章男（とよだ　あきお）

１９５６年名古屋市生まれ。日本自動車工業会会長（２０１８年就任）／トヨタ自動車社長兼ＣＥＯ（２００９年就任）。慶應義塾大学法学部法律学科卒業。大学時代はホッケー選手として日本代表に選出。苗字の読み仮名は「ＴＯＹＯＤＡ」。レーシングドライバーとして、一人のクルマ好きとして「モリゾウ」を名乗る場合もある。

※記者会見の発言を元に作成。一部読みやすいように編集しております。

※出典：日本自動車工業会

第2章

EVは環境に優しいの嘘
《燃えるEV》
――リチウムイオン電池の革新なしに、本格的なEVの普及はない

EV推進の嘘
#2
EVバッテリーの炎上は危険（特に中国・韓国製）

未来ネット／旧林原チャンネル
配信日2021年2月3日（収録日1月12日）
より

冬場のＥＶがヤバい！

加藤：前章では、いかに自動車産業が日本経済の屋台骨を支えているか、というお話をさせていただきました。日本が経済大国であるのは、自動車産業で働く５５０万人の人々が頑張って産業を支えているからだということがおわかりいただけたかと思います。

急速で安易なＥＶ化は、その着地点を間違えてしまうと、日本の産業構造に大きな影響を与え、日本の地方産業全体が根こそぎ吹っ飛んでしまうのではないか……ということを、私たちは危惧しているわけです。

第2章ではＥＶ、電気自動車そのものの長所や短所、特にＥＶ化したときにどんな問題が起こるのか、ということについて徹底議論していきたいと思います。

池田：私は、自動車産業の様々な側面、すなわち経済的なこと、法律を含めた規制に関すること、現物のクルマに関することなどを総合して説明する、といった活動をやっておりますが、今のＥＶ化の議論、あるいはガソリン車廃止論のような、ちょっと極論に触れすぎた話は極めて問題だと思っています。それについて出来るだけわかりやすく解説をしていこうと思います。

岡崎：クルマという商品はすごくユーザーに密着した商品です。命さえも預けるものですからね。ユーザーの利便性やユーザー目線なくして議論をすると、絶対にユーザー側が不利益を被る商品だと思います。日本の国民一人一人のためにどうするのが一番いいのか、そんな観点からＥＶについて語っていきたいですね。

加藤：今年の１月、北陸の日本海側は大変な大雪［※１］で、１５００台の自動車が道路で立ち往生しているというニュースが飛びこんできましたけれども、ＥＶが雪道で電欠になるとどうなるでしょうか？

岡崎：ＥＶにとって冬はきつい時期なんですよね。たっぷりとバッテリーが残っている状態でも、暖房をつけていると結構すぐになくなります。そこがまずガソリン車との大きな違いです。こういう話をすると、ＥＶ推しの人たちは、「いや、ノルウェーなんかではＥＶがガンガン走ってる」って言うんですけど。ノルウェーって日本のようなドカ雪が降らないんです。寒いところですが、豪雪地帯ではないんですね。日本は世界でも豊かな自然環境ですが、大雪や水害など自然災害も多い国です。そういう国で、すべてのクルマがＥＶになってちゃんとうまく回っていくのか？　答えはＮＯだと思います。

加藤：あのときは自衛隊が出動して、ガソリンを配っていましたね。

岡崎：そうです。ガソリンなら配れますけど電気は配れません。

池田：軍隊は当然インフラがないところでも戦争しなきゃいけない。だから、そういう場所に

※１　**北陸地方で記録的な大雪**
２０２１年１月８日～11日　北陸地方で記録的な大雪が発生。北陸自動車道では約１５００台の車が立ち往生。福井県は自衛隊に災害派遣を要請した。

燃料を運んで、配って回れるような技術と設備はだいたい持っているわけです。だけど電気については、そんなものはないですよね。

加藤：電欠になったら何日間もずっと身動きがとれない……。

池田：電気が切れたクルマが100台あれば、レッカー車が100台分必要なのが現状です。

「EVは環境に優しい」の嘘

岡崎：そもそも「なぜEVなのか？」というと、「地球のため」「脱炭素のため」って言うわけじゃないですか。

加藤：ほぼそれです。

岡崎：あれ嘘です。確かにエンジン車（ガソリン車、ディーゼル車）の排気管からはCO2が出るけれど、EVにはそもそも排気管がない。でも「充電する電気はどこで作られていますか？」「発電所の煙突からシューっと出ているのは何ですか？」ということです。電気を作るときにCO2が大量に出ていますから、出ている場所が違うだけなんですよね。EVになったらゼロ・エミッション（CO2排出ゼロ）って言われますけど、この理屈を考えた人はちょっと天才だっていうくらい、〝わかりやすい大嘘〟です。

池田：まぁ、最初は手心を加えられていたわけですよ。「環境に対して良い技術だから、多少の誇張は許しましょう」ということだったんですけど、現実にはバッテリーを作る段階でもＣＯ２はいっぱい出ます。それからクルマが走っている間には、これは発電の際の化石燃料の構成比によるんですけれども、日本の場合には70％以上が化石燃料で、ものすごい勢いでＣＯ２が出てしまう。それからバッテリーを廃棄するときなども、とてもＣＯ２負荷が高い。

岡崎：そこに関しては、様々な試算があるんですけど。じゃあ「**ＥＶと普通のガソリン車とでは、どっちがいっぱいＣＯ２を出すのか？**」というと、ＥＶはバッテリーを生産する段階で多くのＣＯ２を出すので、だいたい10万km走ってトントンになるくらいなんですね。それ以上走ると、ＥＶの方がちょっとずつ良くなっていきます。でも、日本のクルマってだいたい13万km平均で廃車になるんです。だからトータルで考えるとあまり変わらないということにもなりますね。

ＥＶのバッテリーの実態・ＥＶは中古で売りづらい？

加藤：廃車といえば、中古車マーケットでのＥＶって良い価格がついてないとか……。

岡崎：中古で一番出ているＥＶは日産の「リーフ」というクルマですが、リーフはＥＶ界では初物だったので（２０１０年発売）、特に初期モデルは、バッテリーの耐久性に問題を抱えている場合がありますね。

加藤：例えば10万km走ったらバッテリーはどうなりますか？

岡崎：使い方にもよるんですけれども、急速充電器でガーッと電気を入れてカラになるまで走るというのを何度もやっていると、だいたい7〜8割に性能が落ちてしまいますね。ガソリン車やハイブリッド車は、いくらオンボロになるまで走っても、燃料タンクが50リッターなら50リッターですよね。でも、ＥＶの場合はそこが7割、へたをすると6割になってしまう。

池田：「7割残っていればいいじゃないか」と思うかもしれませんが、問題は航続距離が激減してしまうことなんですよね。7割と聞くと「ちょっとだけダウンするのか」と思うかもしれないけれど、実際に走るときの影響は大きいですよ。

岡崎：ただ最近はバッテリーの性能や制御ソフトも進んできているので、劣化問題はかなり改善はされてきています。

加藤：なるほど。携帯電話が3年も経つとだんだん電池の充電がもたなくなるみたいに、クルマのバッテリーも同じように充電がもたなくなり、ＥＶの航続距離もどんどん短くなってくるわけですね。

池田：だからＥＶの場合は、「村落のなかだけで使うから10km、20kmも走れれば全然オッケーですよ」という人たちが、ＥＶの中古車を安く入手して使うのはアリな話です。だけど、いくら安くなっても、多くの普通のユーザーは「これじゃ使えない」ってなりますよね。中古になるとより向き不向きが出てくるので、そういう特性の理解がないまま「ＥＶは良い」って言ってもそれは駄目でしょう。

岡崎：知り合いが新車時に３００～４００万円するリーフの中古を30万円で買ったってちょっと自慢していたんですけど。「近所を走るだけだったらまぁいいよね」と、その人は割り切って乗っていますね。

加藤：ＥＶは積んでいるバッテリーの容量で航続距離が決まりますからね。

岡崎：新車でも航続距離は短いのから長いのまであるんですけど、長いのはバッテリーも大きいものを積んでいます。そうすると値段がめちゃめちゃ高くなるんです。もう、一気に高くなります。

池田：それからバッテリーは非常に重たいものなので、エネルギー効率も悪くなります。重い荷物が車内に満載になっているようなものです。毎日長距離を走る人だったら、バッテリーは大きいのが必要ですけど、普段は近所でしか乗らなくて、年に数回長距離を走るためだけに大きなバッテリーを積むっていうのは、これは非常に効率が悪い話です。

岡崎：近所を小一時間散歩するのに「のどが乾いたらどうしよう」って10リッターの水タンクを背負って行くようなものですね（笑）。ということで、**ＥＶが普及するとしたら、小型で安いのが第一**。どうせこんな小さなクルマだったら、長距離は乗らないよね、近距離だよね、高速も使わないよね、っていうタイプのクルマから普及させていった方がいいでしょうね。

加藤：スーパーカーじゃなくて？

岡崎：じゃなくて。あれはもうお遊びですから、ねぇ、池田さん。

池田：趣味の世界ですよ（笑）。１９６０年代から70年代のアメリカには「マッスルカー」と呼ばれるクルマがありました。フルサイズだとキャデラックのサイズになってしまうかの国で、マッスルカーはもう少し小さいインターミディエートと呼ばれるボディに5リッターから7・5リッターくらいの巨大なV8エンジンを積んでいました。ビッグでファットなタイヤで、ものすごく加速するクルマです。ガソリンなんて湯水のように使ってOKの時代のクルマですね。

今のEVを代表するのは「テスラ」ですが、これもやっぱり、凄い加速がウリなんです。それは「電気はエコだから湯水のごとく使ってかまわない」という発想だから出来ることで、「**EV＝ゼロ・エミッション」という、真実とは言い難い仮定**に基づいています。本来、エネルギー保存の法則を踏まえたら、エコを主張するクルマが加速自慢なんておかしいって、頭の良い人ならすぐわかるはずなんですけどね。

EVを推進するためのガソリン車NG規制（CAFE）

加藤：欧州で発売されているEVは、スーパーカーのタイプが多い印象ですね。で、ものすごく加速がいいとか言って自慢しています。

池田：あれは理由があるんですよ。なんでかというと、今、ヨーロッパでは「CAFE（カフェ）」という規制［※2］があって、「企業の平均でCO_2の排出量を下げましょう」っていうルールがあるんですね。

これを守れなくて、ＶＷは１０００億円という罰金をくらいそうになっていたんです。最終的にはスーパークレジット制度［※３］という抜け道を使って大部分を免れたわけですが。そういう罰金がある時代に、加速力の優れたスポーツカーを作ろうと思ったら、もうガソリンじゃ駄目なんです。ＣＯ２が出ちゃうから。ですのでそのへんは、我々が今、話をしているＥＶ化とはまったく別の話と考えてください。

加藤：テスラもそうですが、ポルシェやフェラーリがEVだと、ＥＶ全部がカッコよく見えるというか、クルマのデザインで騙されますね。

岡崎：ひとこと補足しておくと、そのＣＡＦＥというルール自体が〝嘘〟と表現するに値する代物《しろもの》です。

アメリカのカリフォルニア州がやっているゼロ・エミッション・ビークル（ＺＥＶ：走行時にＣＯ２を出さないクルマ）規制や、中国のニュー・エネルギー・ビークル（ＮＥＶ：新エネ

※２　ＣＡＦＥ規制／企業別平均燃費基準
自動車の燃費規制。メーカー全体で年間出荷台数を加味した平均燃費を算出し規制をかける方式。欧州では罰金が課せられる。日本では２０２０年度の燃費基準より実施。ＣＡＦＥはCorporate Average Fuel Efficiencyの略。

※３　スーパークレジット制度
欧州は規制の緩和措置として、２０２０年から22年にわたってスーパークレジット制度を施行させた。ＣＯ２排出量50グラム／１㎞走行以下という、ハイブリッドでは届かず、実質的にEVのみがクリア出来るラインを引き、それをクリアしたクルマは台数を水増しカウント出来る制度を作った。２０２０年には1台を２台に、２０２１年は１・67台に、２０２２年には１・33台にカウント出来る。

ルギー車）制度もそうなんですが、ＥＶやＦＣＶ（水素燃料電池車）を優遇する根拠として「ＥＶやＦＣＶはＣＯ２排出がゼロだから」と言ってるんですが、バッテリーを作るのにも発電するのにも大量のＣＯ２を出しますよね。それらをなかったことにして、ガソリン車だけに厳しい規制を作って罰金を取るのは矛盾しています。

あるいはアメリカのテスラは「もう補助金はもらってないよ」と言いますけど、これもまったくの嘘。これらの仕組みによって、迂回された巨額の補助金がテスラに回っているのが実態なんですね。テスラの２０２１年１四半期の決算を見ると、他の自動車メーカーへのＣＯ２排出枠売却収入は５億１８００万ドルで、通年ベースでは２０００億円を軽く超えてくる水準です。

池田：まぁ、環境のためにＣＯ２の規制をすべきだと言うなら、都合が悪くなったとき、自分たちだけが救済されるような特別ルールを付け足して、回避するような真似《まね》はやめるべきでしょうね。恣《し》意《い》的なルール改変は明らかにフェアネスに欠けています。

加藤：なるほど、非常に興味深い話です。

池田：「僕の手は真っ白」って言うけど、誰かに〝黒い仕事〟をやらせているんですね。

「ＥＶのバッテリーは環境に悪い」の本当

加藤：「ＥＶは環境に優しい」と言われますが、リチウムイオンバッテリーは実のところ環境に厳しいと思います。例えば日産はEVにおいては先駆的な取り組みをしていて、廃車後のバッテリーの処理まで考えてビジネスを設計しており、福島にはリサイクル工場もあります。EVが廃車になったとき、バッテリーをどこに廃棄していくのかは実に大きな問題です。もし、日本のクルマ全部がEVになったとしたら、これは将来、大変な環境問題になります。**車載バッテリーという巨大な産業廃棄物**をどう扱っていけばいいのか……。

池田：この問題で難しいのは、まだ何も確立されていないということです。本当に全部の日本車がEVになったときにどうなるか？ そんな話をすると、出来る派と出来ない派で対立が起こるわけですよ。スマホやパソコンのリチウムイオン電池とは量が違いますからね。また、将来的な目標値の話をしているのか、今の話をしているのか、といった時間軸での議論が置き去りになって、いつも話がすれ違ってしまうんですね。

岡崎：リサイクルもそうですし、あとはリユースの議論もあります。使用後のバッテリーを、家庭用の蓄電池として使う方法も検討されていますね。

加藤：2年前のことですが、スマホ、PC、加熱たばこ等で使われる充電池が捨てられて集積される産業廃棄物の処理場で、発火事故が多発［※4］しているという新聞記事を読みました。

※4 **充電池「ごみ」発火多発**
リチウムイオンの発火事故が5年で4倍／ごみ処理施設で、スマホ、PC、加熱たばこなどのバッテリーが発火する事故が年々増加傾向にある（読売新聞 2019年6月9日付）。

中国で300台のEVが炎上——燃えるリチウムイオン電池

池田：これは本当に大事なことなんですけど、バッテリーというのは、実によく燃えるものなんですよ。恐ろしいことなんですけど、**「バッテリーは燃えるものだ」**という基礎認識は持っていた方がいいです。

加藤：スマホもPCも、充電出来るものは燃えますよね。

池田：はい。バッテリーのタイプによりますが、今普及しているタイプのリチウムイオン電池は燃えます。それをどうやって燃やさないかっていう技術は、もちろん色々あるんですけど。でもバッテリーというのは元々放っておけば燃えるものなんですよ。怖いのは過充電で燃えるっていうのは、皆さんは何となく知っていると思うんですけど、〝過放電〟でも燃えるんです。過放電っていうのは、「もうこの商品使い終わったからいらない」といって、押入れの奥やごみ置き場に放置したりしますよね。こういう状態で燃える可能性があるんです。

加藤：そうすると、今までは中古で使えなくなったクルマなんかは、解体業者が山積みにしていましたけれど、これがEVになったら発火する恐れがあるってことじゃないですか。EVの普及が進む中国では、使い道のなくなったEVが大量に放置され、「EVの墓場」が相次いで出現し、社会問題になっているようですよ。

池田：もちろん、そういうＥＶの保管の仕方はやっちゃ駄目です。やるとすれば家電リサイクル法と同じように、自治体から伝票を買ってきて、それで然るべき処分場に送るようにしないと廃棄出来ない、という形にする以外にないのですが……。「あのクルマ、何十年もここに止まってるなぁ」といったような、捨ててあるのか所有者がいるのか何だかよくわからないオンボロのクルマがよくあるじゃないですか。何十年かあとにＥＶがそうなった場合は、結構危ないわけですよ。

加藤：そうですね。以前ＮＥＤＯ（新エネルギー・産業技術総合開発機構）に行ったとき、リチウムイオン電池の話になったのですが、やはり発火・発煙リスクというのは免れないっていうことは言っていましたね。メーカーは発火事故が起こったら、大変じゃないですか。

岡崎：いやすでに、ネットで「**ＥＶ　炎上**」って検索したら、もういくらでも出てくるわけですよ。燃えている動画なんかもバンバン出てきますから。

池田：あんまりメディアでは報道されていませんが、かなり燃えていますよね。

加藤：特に中国では、先日も充電中のＥＶが駐車場で発火し、３００台が燃えていましたね［※５］。

※５　中国四川省で、３００台のＥＶが炎上
２０２１年６月23日午前３時頃、四川省成都市の駐車場で、大量のＥＶを充電していたところ、そのうちの１台が炎上。火は瞬く間に広がり、２００～３００台ほどのＥＶが燃える大火となった。

池田：日本でもEVがもっと増えてくれば、炎上事故も増えると思いますよ。特にビルの地下駐車場で燃えるとヤバいです。

加藤：有毒ガスも充満して、ビルが丸ごと火災になる恐れもありますね。

日本製のEVなら発火事故は少ない？

岡崎：でも、日本のものづくりの凄さっていうのがありまして。日産のEVであるリーフって今まで累計販売台数50万台でしたっけ？

日産「リーフ」　画像提供：日産自動車

池田：はい。10年以上EVを売ってきています。

岡崎：なのに1台も発火していないんですよ。

加藤：それは凄いですねぇ。

岡崎：なぜかというと、発火しないようにちゃんと作っているからなんですね。これに対して日産以外のEVはだいたい燃えています。で、よくネットで出てくるのはテスラですね。「テスラ事故りました、燃えました」あるいは「駐車場に停めておいたら勝手に燃えました」というニュースは結構あります。これはね、日産が1台も燃えていないのと比べると、バッテリーの技術、あるいは生産上の品質管理、

図1 **2020年世界上位車載電池メーカーの出荷量**（搭載ベース）

（単位:GWh）

順位	企業名	本拠地	出荷量
1位	**寧徳時代新能源科技（CATL）**	中国福建省	34
2位	**LG化学**	韓国	31
3位	**パナソニック**	日本	25
4位	**恵州比亜迪電池（BYD）**	中国福建省	10
5位	**サムスンSDI**	韓国	8
6位	**SKイノベーション**	韓国	7
7位	**エンビジョンAESC**	日本（中国資本）	4
8位	**合肥国軒高科動力能源（GOTION）**	中国安徽省	3
9位	**中航鋰電科技（CALB）**	中国江蘇省	3
その他			13
世界計			138

出典:ジェトロ／日本貿易振興機構　出所:市場調査会社SNEリサーチ

安全性を高めるための設計技術とか、もう様々な……。

池田：ものづくりへの姿勢といいますか。

岡崎：そう。そこに大きな違いがあると考えざるを得ないですよね。

加藤：さすが日産ですね。ヒュンダイ（現代自動車：韓国の自動車メーカー）のＥＶもリコールで大変問題になっていましたよね。ＬＧ（韓国）の電池が燃えて回収されたりして。フォード（米国）もそうでしたし……。

池田：そうです。今、世界中の自動車メーカーがバッテリーの供給を受けているのは、多くが中国か韓国のメーカーです（図1）。

日本製はパナソニックが多いのですが、安全で品質が良いから、限られたところしかもらえないわけですね。世界の自動車メーカーはどこも欲しがっているけれども競争率が高い。

世界のEVバッテリー生産の多くがメイドイン中国&韓国

岡崎：テスラは最初パナソニックのバッテリーを使っていたのですが、中国製に一部を切り替えたりしてね。

池田：そうですね。結局、台数を多く作りたくなった結果、今では中国からもバッテリーを買うことになっています。テスラは10年後でも90%保証するだとか、バッテリーの劣化に対して自信を持っていることをアピールしていましたが、中国製を搭載したとたん買ったばかりの新車の航続距離が20%もダウンしちゃったりね。

岡崎：中国製のバッテリーを積んだとたんに、問題が起きましたね。で、テスラはお得意の「オンラインアップデートで改良する」とか言って、ユーザーもそれを期待していたわけですが、蓋を開けてみたら航続距離をカタログ値より大幅に減らすという詐欺まがいのアップデートだったわけです。やっぱりさっき池田さんが言っていたように、**「ものづくりの哲学」**というものが命に関わる商品である自動車には特に大事なんです。日本のものづくりって「壊れちゃいけない」「お客さんに迷惑かけちゃいけない」っていう考えが第一にあるんですよね。

池田：「クルマが燃えるなんてとんでもない！」って日本のメーカーは普通に思っているわけですよね。日本のお客さんも皆「そんなの当たり前じゃん」って思ってるわけですけど、世界のメーカーは必ずしもそうは思っていません。

岡崎：だから日本のバッテリーメーカーは、無茶苦茶厳しい試験をしていたりします。バッテリーの内部って、電極がミルフィーユみたいに幾重にも重なっているものなんですが、これがショートをすると燃える仕組みになっているんですよね。で、そこに釘を刺すなんていうとんでもない試験を日本はちゃんとやっているわけです。そんなことしたら全部導通しちゃうので「そりゃ燃えるだろう」っていうくらいのことなんですけど、それでも燃やさない技術を日本のメーカーは持っています。だから価格も高くなるわけです。

加藤：中国湖南省にあるテスラのバッテリーを供給する工場も爆発していましたよね［※6］。

岡崎：日本でもソニーのバッテリー工場が爆発したことがありました。リチウムイオンバッテリーはたしかに革命的なバッテリーですが、その分リスクも高いんです。

加藤：バッテリーは難しい。しかも危険が伴う。しかもＥＶってバッテリーの上に乗っているようなものでしょう？

※6　中国・電池リサイクル施設で大爆発
２０２１年１月７日 中国・湖南省にある電気自動車向けの電池リサイクル施設で大爆発が起き、１名死亡14人が軽傷。中国最大の電池メーカー「ＣＡＴＬ」傘下の会社。

岡崎：シートの下にバッテリーが敷き詰められていますからね。

加藤：まさに危険と背中合わせですね。

岡崎：本当にそういうことなんですよ。普通はガソリンエンジンの方がガソリンを積んでいるから燃えそうで危ないと思うじゃないですか。でも、危険なのはEVも同じで、むしろEVの燃え方の方が激しい。

池田：ガソリンは長い時間をかけて、安全に使う技術が完成されていきました。だから本当はEVもそうなれるはずなんですが、今、マーケットが興味を持っているのは価格と航続距離。だから安く大容量に作るところにどうしても開発が向かってしまう。そういうなかでも安全性に妥協しない哲学があるかどうかが問われているのです。

それとあまり知られていませんが、**リチウムイオン電池って燃えると消せないんですよ。消火の方法がないんです。**

燃えても消せないEVバッテリーの危険

加藤：じゃあ事故ったら大変じゃないですか。消防車は役に立たないの？

池田：実はそうなんです。燃えているのがEVだとわかったら水を掛けられない。新たなショートが発生して状況がさらに悪化したり、感電したりするリスクがあるからです。火災のごく初期なら粉末系消火器が使えますが、ＥＶが燃えている動画を見たことがある人ならご存知の通り、バッテリーの火災は火の回りが速く、よっぽど早期でないと間に合わない。しかも昨今、バッテリーは床下にあるので、消そうにも消火剤が入らないんですよ。煤《すす》にも酸化コバルトや酸化ニッケルといった有毒物質が含まれています。**ＥＶが燃えたら、消え終わるまで待つしかない**のです。だから極力燃えないように注意深く作るというのが、日本メーカーの考え方です。多少値段は高くなろうと、僕はその考え方がとても日本らしいし、それは世界に誇るべきものだと思いますね。

加藤：ある保険会社もＥＶの保険料の方を高く設定していますね。事故率が高いと見ているのでしょうか？　ＥＶは加速も凄いからですかね？

池田：「踏むと3秒とか4秒で時速１００kmになる」とか、そういうのを自慢にしているＥＶが多いんです。まさにテスラがそうですけど。でも例えば、高齢者が乗って踏み間違えみたいなことがあったら、とんでもない速度になりますからね。今はクルマオタクみたいな人が乗っているからそんなに事故は多くないですが。

岡崎：ブレーキとアクセルの踏み間違えは社会問題ですからね。

池田：「プリウス」も散々叩かれていましたけど、プリウスの比じゃないですよ、テスラは。テスラの加速は、タイヤのグリップ限界を電子的に検知しながら最大パワーをかけ続けることで生み出されるものです。実際それで、テスラの「モデルX」が、地下駐車場で激突事故を起こしています。駐車場のなかで加速出来る距離なんて10メートルとか20メートルとかじゃないですか。それなのにドアが開かなくなるぐらいの激しい衝撃でぶつかっているわけです。それってテスラの加速じゃなければ起きないわけですよ。

加藤：なるほど。事故といえば、自動運転も問題になっていますが、それについてはいかがですか？

池田：テスラを中心に自動運転の話は色々あるので、のちほど（第3章、第5章）たっぷりお話ししましょう（笑）。

「リチウムイオン電池の価格は大量生産すれば下がる」の嘘

加藤：私も、NEDOに行ってお話を伺ってきましたが、**リチウムイオン電池は問題が山積み**であることがよくわかりました。リチウムイオン電池の原材料には、主にコバルト、ニッケル、リチウムなどが使われているのですが、リチウムの供給元は南米のチリ。コバルトの供給元はほとんどがコンゴ民主共和国です［※7］。また、NEDOが把握している限りにおいては、コバルトは、あともう20～30年で枯渇すると言われています。

NEDOでは「コバルトがなくなったらどうなるのか？」という議論もしまして、コバルトを使わないバッテリーも出来ているそうですが、発火しやすいリスクもあるようです。数年後、全車ＥＶ化をしたときには、コバルトなどの原材料は枯渇してなくなっている状態で、**しかもその原材料のほとんどが中国に押さえられている**、という状況になっているんですよね。

岡崎：大きな誤解をしている人が多いのですが、バッテリーって高いじゃないですか。今後は「ＥＶが世界中に増えて大量生産すれば、価格が安くなる」ってみんな言うんですよ。だけどでもね、例えば牛丼の値段って、牛肉とお米の原材料費以下には絶対にならないですよね。ところが、コバルト、ニッケル、リチウムという資源は基本的に全部有限なものなので、数が限られてくると、むしろ値段は上がってしまうんです。

池田：資源相場が上がっちゃいますね。

岡崎：だから**ＥＶのバッテリーを大量生産したら安くなるなんてのは嘘**で、ある程度のところまでは下がるかもしれないけれど、その後は上がっていきます。

池田：競争率が高くなる。

加藤：でもね、経済産業省の自動車課の人に「コバルトがなくなったらどうするんですか？」と尋ねたら、「日本の近海にある」って言われましたよ。

※**7　リチウムイオン電池の原材料**
◉コバルト（主な産地：コンゴ民主共和国）
◉ニッケル（主な産地：インドネシア、フィリピン）
◉リチウム（主な産地：チリ、オーストラリア）

岡崎：あるかもしれないけど「いくらかけて掘ってくるのよ、海の底から」っていう話ですね。
池田：基本的に地下資源っていうのは採掘コストとの見合いなんですよ。採掘コストが合うような新しい技術が生まれれば、次のステージに行ける可能性があります。それで埋蔵量も変わってきますよね。逆に言えば、値段が上がれば、今までコスト的に無理だった技術が使えるようになって、バッテリー生産量はある程度増えるはずです。「石油がなくなる」って昔から言われていたのに全然なくならないのも、今まで掘れなかったようなところから掘ることが出来るようになったりとか、今まで使えなかったような質の石油を改質したりとか、そういう技術が進んだからです。

リチウムイオンバッテリー開発の重要ポイント

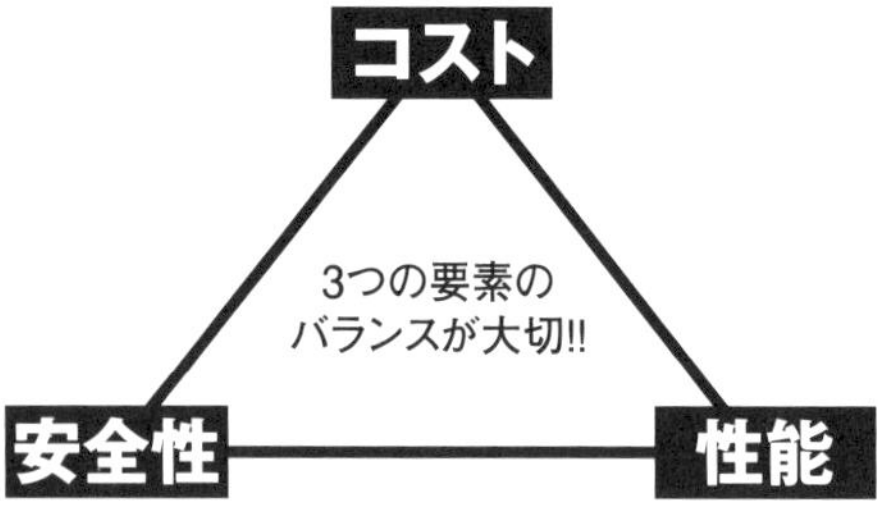

加藤：あらゆる角度から考えて、全車EVに舵《かじ》を切るのは非現実的な話ではないでしょうか？
池田：バッテリー問題に絞って言うと、まず安くなることが前提の**コストの問題**が一つ、それから**安全性の問題**が一つ、それと**性能の問題**が一つ。この3つがすごく微妙なバランスで成り立っているんですね。
　だからコバルトをなしにすると、ある程度ローコストなバッテリーは出来るかもしれないけれど、安全性、耐久性、性能の方が落ちてしまう可能性が高い。今注目されているリン酸鉄系のリチウムイオンバッテリーがまさにそうなんですが、コバルトなしで同じ性能になるなら最初からコバルトなんて使わないわけですよ。そうすると、どうしてもエネルギー密度が下がってしまう。つまりバッテリーを大きく重くするか、航続距離を我慢するかしかないわけです。超長期的な可能性ならともかく、この数年の話をしているのに、「新しい技術で出来るんだ。出来るはずなんだ！」という乱暴なまとめ方が、とにかくＥＶ問題の全てに共通していることなんですよね。

「全固体電池」開発の現在と量産体制の課題

加藤：安全性と性能が高い**「全固体電池」が次世代のバッテリー技術**と言われていますね。

池田：はい、月に1回以上は、全固体電池の新しいニュースが入ってきます。でも、実は今、全固体電池で困っているのは、そういう新しいアイディア出しのところではなくて、１００万台規模のクルマの生産に向けて足りるだけの量産をどうやってするか、という量産技術がまだ確立出来ていないことなんです。まだ量産体制のための工場を作ることも出来ない状況です。今後少なくとも5年とか、へたをすると10年かかるというところで、ずっと止まっているんですよね。

岡崎：全固体電池というのは、今までの〝リチウムイオン電池が燃えやすい〟という大きな弱点を持っていたものを補完する新技術です。なぜ燃えやすいかというと、中に入っている電極の間に電解液というものが入っていて、これが可燃性なんです。そこを固体にしてしまえば燃えるリスクがすごく下がるので「夢の電池」と言われています。ただ、池田さんが言ったように、「研究室で1個作るんだったら出来るんだけども、いかに量産するのか」というところが実に難しい。日立造船が「世界最大級容量の全固体電池を開発した」というニュースもありました。しかし、自動車に使う全固体電池に関してはやっぱりトヨタが今、一番リードしていると思いますね。

加藤：私も全固体電池については、吉野彰博士（1948年生まれ／リチウムイオン電池の開発で2019年にノーベル化学賞を受賞／LIBTEC理事長）にお話を伺い色々と勉強させていただいたのですが、日本は産官学コンソーシアムで、各メーカーが共同で研究されているんですね。特許の数からいうと、全固体電池は日本が一番です。でも、そこからいかに安全性を担保して量産化し、商業化していくか、それがEV時代においては鍵になるんじゃないのかな、と強く感じましたね。

EVとバッテリーの覇権を握りたい中国
——EV化すると中国化する危険

岡崎：「いかに安く作るか」というのも重要ですね。今、一番安い中国製のバッテリーの値段は、1kWh（キロワットアワー）当たり100ドルと言われています。この価格、日本ではまだ出来ていないです。ではなぜ中国では１００ドルで出来るのか？　材料費を考えれば「いくらなんでもその値段は無理でしょ？」っていう疑問が、中国製バッテリーにはあります。その秘密は、まず信頼性や安全性を極めて低い基準でＯＫとしていることと、中国共産党がバッテリーメーカーに巨額の補助金を出しているからなんです。

加藤：世界のマーケットシェアを取るために中国共産党がバックアップしているわけだ。

岡崎：ＣＡＴＬ［※8］っていう世界最大のバッテリーメーカーの本拠地は福建省寧徳市なんですが、寧徳市といえば習近平のお膝元ですからね。めちゃくちゃ近い関係なんじゃないでしょうか。

加藤：怖いですね。だから**ＥＶ化すると自動車産業が中国化していく**わけですね。

岡崎：ええ。中国はＥＶを使って世界の覇権を握ろうと画策しています。

池田：だからね、日本が中国に呑み込まれないだけの策を打つことが出来たうえでＥＶ化するならいいんですよ。ＥＶを作ってもバッテリーはちゃんと日本で賄えるという体制が整ってからやるんだったら。あるいは電力の確保も含めて、それが出来るんだったら、反対なんてしないんですが……。

※8　ＣＡＴＬ（寧徳時代新能源科技、読み方はシーエーティーエル）
中国車載電池メーカー。創業から6年で車載電池シェア世界トップに。以降世界シェア5年連続トップ。国内大手自動車メーカーをはじめＶＷ・ＢＭＷ・ダイムラーなどドイツ系世界大手企業にも供給。本社がある福建省寧徳市は、習近平氏が以前、地区共産党委員会書記、福建省長を務めていた場所である。

岡崎：日本にあるバッテリーメーカーはパナソニック以外にも、ＡＥＳＣ（オートモーティブエナジーサプライ）っていうメーカーがあります。これは元々、日産とＮＥＣが共同で作った会社で、日産の「リーフ」に積んでいる安全性の高い、とてもいいバッテリーを作っていました。けれども、日産、ＮＥＣはこの会社を中国に売っちゃったんですね（２０１９年３月にエンビジョングループへ売却）。

加藤：なんということでしょう……。日産が20％、中国が80％資本と聞きました。中国は戦略に長けています。

岡崎：このとき、日本政府はこういった状況を見過ごし、これからの産業を保護するという政策は打たなかった。逆に中国は、中国国内で売るＥＶには中国製のバッテリーを積まないといけないっていうルールを作っていまして……。

池田：それ、ＷＴＯ（世界貿易機関）的には真っ黒なルール違反です。無茶なルールを勝手に作ってまかり通っています。

岡崎：そうやって日本を始め、世界中からバッテリーのノウハウを自国に持ってきているわけですね。

加藤：今後ＥＶ化が進んで、特にＲＣＥＰ（地域的な包括的経済連携）協定が締結されて、中国で生産されたＥＶがアジア、世界に輸出されていくでしょう。これはまさに自動車強国という覇権を狙っている中国の思う壺になりますね。

岡崎：ええ、だから食料安全保障とかエネルギー安全保障とか、安全保障にも色々あるじゃないですか。そのうちの一つにバッテリー安全保障というのも、ＥＶが増えれば増えるほど考えるべき問題で、そこを中国に握られてしまったら……。

加藤：まさに危ないですね。クルマだけの問題じゃなく、日本そのものの安全保障です。

池田：バッテリーの供給を絶たれたら、日本の基幹産業が倒れるわけですよ。だから中国とケンカも出来なくなるわけです。何でも言うことを聞くしかなくなってしまうんですよ。

加藤：そんな方向に舵をとろうとしている日本政府は大丈夫でしょうか。

岡崎：特に小泉環境大臣。そして、菅首相、菅政権……。

池田：彼らはちゃんと状況を把握しているのか？　あるいは何か思惑があって誘導している可能性もある。本当に日本の国民のための発言なのかもよくわからない状況で、政治家たちが海外で何かの約束をしようとしていることを、我々国民はどう受け止めるべきなのか。

岡崎：恐ろしいね。

加藤：まさしく日本の未来、日本の国益を考えていない。大変危険な状態だと思います。

世界のバッテリー覇権争い

加藤：ＥＶを語るうえでは、リチウムイオン電池の問題を無視出来ないことが、だんだんわかっ

図2　リチウムイオン電池の世界市場シェア

2019年

1位	**LG化学**	18.9%	（韓国）
2位	**サムソンSDI**	17.5%	（韓国）
3位	**CATL**	17.4%	（中国）
4位	**TDK**	13.6%	（日本）
5位	**パナソニック**	12%	（日本）
6位	**BYD**	8.6%	（中国）
7位	**村田製作所**	2.3%	（日本）

※車載、スマホ、PC向けが主流

2007年

1位	**三洋電機**
2位	**ソニー**
3位	**サムソン**
4位	**パナソニック**
5位	**BYD**
6位	**日立マクセル**

※PC、携帯電話、小型電気製品向けが主流

出典:業界再編の動向　https://deallab.info/lithium-ion/

てきたかと思います。世界のマーケットシェアの変遷を見てみましょう（図２）。

10年でこれだけ変わるのか、という感じですが、韓国勢が強いですね。それから中国勢が並んでいます。バッテリーは中国と韓国。そして次に日本勢が４位、５位と続いています。元々バッテリーメーカーだった、サムソン、パナソニック、ＢＹＤなどは不動の位置にありますけど。特に、韓国のＬＧ、中国のＣＡＴＬがグーっと上がってきたという状況ですね。

岡崎：２００７年と２０１９年で何が一番変わったかというと、２００７年はＥＶがほとんどなかったのでパソコンや携帯電話用、そういう小さい電気製品向けの需要がほとんどだったんですね。２０１８年ぐらいに電気製品用のバッテリーと自動車ＥＶ用のバッテリーの需要が逆転しました。

加藤：今は車載用電池が一番多いと。

岡崎：そうです。やはりサイズが違います。１台当

たり何百kg、スマホ数千万台分ですから。

加藤：中国のＣＡＴＬは、ほとんどのドイツ車、ＢＭＷ、ダイムラー（メルセデスベンツ）、ＶＷのほか、ジャガー、ランドローバーをはじめ、テスラ、ＧＭ、トヨタ、ホンダ、日産、ボルボ、ＰＳＡグループなど、ほぼ全てのメーカーがこのＣＡＴＬに出資して、育てていますね。ちょっと凄くないですか？

岡崎：育てているというよりも、彼ら自動車メーカーにとっては、もはや〝ありがたく供給いただいている〟という感じになっちゃっているんじゃないですか。

加藤：中国内ではＣＡＴＬ一強です。

池田：それは中国共産党の、まさに第4章でお話しする「中国製造２０２５」の成果ですよ。さっきも言った通り、彼らは中国で売るクルマには中国製のバッテリーを積まなきゃならないルールを課しているのです。だからバッテリーを売ってもらえないと中国でビジネスが出来ない。

加藤：ＥＶの生産数を増やすということは、ひとえにＣＡＴＬやＢＹＤのバッテリーが増えていくことになりますよね？

岡崎：それに気付いたアメリカ、あるいはヨーロッパ勢は、大急ぎで自国内にバッテリー工場を建設し始めた……というのが２０２１年前半の流れですね。

加藤：でも、ＣＡＴＬも欧州に工場をどんどん作っているとか。

岡崎：そうですね。まさにバッテリー覇権争いが始まっています。

加藤：そう考えると、最初に中国の自動車産業のなかでどこが育つかというと、バッテリーメーカーが育つ。**誰がＥＶで一番得するのかといったら、まさにこのバッテリーメーカーです。**電池メーカーがまずは圧倒的に潤っていくという構図になるわけですね。

岡崎：少なくとも日本で製造するクルマには、日本で製造したバッテリーを積むようにしていかないと、これは本気でまずいことになりますね。

池田：そういった経済安保の面でも大変重要なんですよ。

加藤：経済安保の話は、非常に大事なので、またのちほど、第９章でじっくりお話ししましょう。

バッテリーが原因で起こっているＥＶのリコール

加藤：実際、バッテリーが原因でリコールも相当起きていますよね。ＣＡＴＬ、ＬＧ、サムソン、パナソニック、いずれも何かしらで問題を起こしている。例えば電池工場が火災になるケースもありますが、電池工場が燃えると凄いことになるようですね。火は消えないし、有毒ガスも発生して消火活動が大変だとか。

岡崎：そういう危険なものだからこそ、ちゃんと製造したバッテリー、あるいはそれを積むクルマがバッテリーに対していかにコントロールするかというところを、いちユーザーとしてきちんと吟味して選びたいですね。

池田：フォローするわけではないですが、僕の記憶が正しければ、パナソニックは発火ではなく、温度異常なんですよね。まぁでも、トラブルがあったのは事実ではあるんですが。ただやっぱりＥＶの場合、何が恐いって、床下にバッテリーを敷き詰めているわけじゃないですか。そこが発火、それも花火みたいにシュバーっと発火するんですよ。ＬＧ化学と現代自動車などは、発火が問題で大きなリコール騒動になりました［※9］。

加藤：映像を見ましたけど、かなり燃えてましたよね。

岡崎：燃えてましたねぇ。

池田：燃え方によっては、避難が間に合わないケースも起こりかねない状態なわけですよ。

加藤：有毒ガスだって凄い。

池田：消火も出来ない。

岡崎：消え終わるまでひたすら待つしかないと。

加藤：クルマって、例えば山道を運転していると時々、下をドーンと打つじゃないですか。坂道を上がるときとかね。そういうときは結構バッテリーに衝撃が加わるわけでしょう。組み立てのときに、一回下に落としたバッテリーを装着し直して出荷したクルマが燃えたこともあります。

※9　韓国の現代自動車が全世界で販売したＥＶ 約8万2000台をリコール
2021年2月26日 現代の「KONA Electric」が15件の出火事故が発生したことを受け、950億円の費用をかけて回収することを発表。バッテリーはＬＧ化学製。

池田：それもありますし、例えば、高速道路でトラックが落としていった荷物に乗り上げた場合などは、相当な衝撃がかかって、かなり危ないわけです。

岡崎：メーカーがどこまで想定しているかですね。

池田：「そんなこと普通起こらないだろう」というケースが事故になるわけです。だから、EVにはEV特有のリスクがあって、もちろんガソリン車にもガソリン車のリスクはあります。だけど「ガソリン車にはリスクがあってEVだけは万全だ」みたいな言い方はおかしいですよね。「それぞれ様々なリスクがあるから、適材適所で、状況の許すところで使っていくっていうことが大事ですよ」ということを僕はずっと言ってきたわけです。

EVにこだわるならバッテリーにもこだわりたい

加藤：クルマを買うときにどんなエンジンを積んでいるかって結構重要じゃないですか。「水平対向エンジンだからこのクルマを買います」とかね。それと同じように、このクルマにはこういうバッテリーやモーターが積まれているって明確にわかるんですかね。例えば、「お宅のEVはどこ製のバッテリーを使っていますか？　中国製ですか？」とディーラーに聞くのでしょうか。

岡崎：なるほど、それはアリですね。

加藤：バッテリーメーカーの確認ぐらいはしてもいいですよね。

岡崎：テスラでは実際にその問題が起き始めています。テスラで一番売れている「モデル３」の中国で生産している一番安いモデルには、ＣＡＴＬ製のバッテリーが積まれています。走行距離が長くて高いタイプや、アメリカ生産のクルマはパナソニック製、と棲み分けています。で、このＣＡＴＬ製のバッテリーを積んだテスラが結構トラブルを起こしているんですね。発火した場合もあるんですけど、それよりも多いのが、充電の時間がすごくかかるとか、走行距離が思ったよりも短いとか。

池田：どんどんバッテリー走行距離が縮んでいっちゃうとかね。

岡崎：実際にそういうことが起きているんですよ。なので、これは二つ言えると思います。「バッテリーメーカーの実力」が一つ、もう一つは、それを採用して商品として売る「最終的な責任は自動車メーカーが持っている」ということです。バッテリーメーカーがどうかというよりも、厳しい試験をして、ちゃんとコントロールして、クルマという商品を提供する、その自動車メーカーとしての実力が問われるんです。たとえトヨタがＣＡＴＬを積んだとしても、トヨタ基準で検査をするので、僕は信じることが出来る。だけど、テスラはまだそこまで信用するに値しないな、と思いますね。

加藤：でも、バッテリーって、同じ電池を大量生産で作るんでしょう？

岡崎：いえ、ＣＡＴＬも様々な種類のバッテリーを作っています。値段とかランクとかサイズ

ポルシェ「タイカン」2020年6月発売
販売価格：1450万円～2460万円

とか、タイプも色々あるので、そのなかから何をチョイスするかは、あくまで自動車メーカーなんですよね。

池田：でもその着眼点はいいですね。「**このEVはどこのメーカーのバッテリーを積んでいるのか？**」というのは、これから皆さんの注目ポイントになっていくでしょう。僕も五朗さんも、ユーザーレベルの興味はやがてそこに行くだろうなと予測していますよね。

岡崎：はい。例えば、ポルシェの「タイカン」という、ものすごくハイパフォーマンスなEVは、LGのバッテリーを使っているんですけど、でも僕はそれがLGだからタイカンは嫌だなとは思っていなくて。つまり、ポルシェを信じられるかどうか、みたいな感じなんですよ。

加藤：でもね、炎上リコール騒ぎの「コナ」という韓国製のEVは、LGのバッテリーだと思いますけど。

池田：メーカーはヒュンダイ（現代自動車）ですね。

加藤：それと同じメーカーのバッテリーがタイカンに載っていても、岡崎さんはポルシェを信じるんですか？

池田：サプライヤー（部品供給メーカー）というのは、例えば、オイルなどもそうですけど、自動車メーカーからこういう基準で作りなさいといわれた基準で作らないと、納品しても受け取ってもらえないんですよね。

加藤：つまり、電池もそういうオーダーメイドなの？

池田：もちろんそうです。

加藤：大量生産じゃないのね？

岡崎：違いますね。同じバッテリーメーカーでも、モデルによって使っているニッケルとかマンガンとかコバルトとかの配合も違っていたり、タイプや形が違っていたりとか、本当に色々あるんですよね。

池田：乾電池みたいに同じ形のものを大量に作っているわけじゃないんですよ。電池というとみんな、乾電池のようなものを想像しちゃいますけど、クルマの余ったスペースによって積める形状もサイズも違うわけじゃないですか。だからクルマによってみんな違うんですよね。最終的には自動車メーカーの責任ですが、それと同時に、指定された仕様できちんと作る、バッテリーメーカーの技術力も大事なんです。

加藤：なるほど……。しかし車載バッテリーは奥が深いですね。技術的な面、生産的な面から、エネルギー安全保障のことまで関わってくる、これからさらに発展していく分野です。その動向にますます目が離せないし、メディアも政治家もかなり勉強が必要ですね。私もまた工場に行ってきたいと思います。

まとめ　EV用リチウムイオンバッテリーの課題

リチウムイオン電池の革新なしに、本格的なEVの普及はない

◆価格が高い

リチウムイオン電池は車両価格の3～5割。

バッテリーの価格が下がらない限り、EV本体の価格は下がらない。価格が下がらない限り、一般への普及は難しい。

◆充電器が足りない

集合住宅や月極駐車場への普通充電器、及び急速充電器の設置が必要。インフラ設備が充実していない。

2030年までに国内に急速充電器約3万台を設置予定（政府発表）。ちなみに中国は21万台の急速充電器を設置済み。

日本中の自動車をEVにした場合、14兆から37兆の充電インフラ費用が必要。

なお、急速充電を繰り返すと電池の劣化が早まる。

◆品質に課題（メイド・イン・ジャパンの危機）

日本勢（パナソニック等）VS中国メーカー（ＣＡＴＬ、ＢＹＤ）、韓国メーカー（ＬＧ、サムソン）。品質が悪いと、発火事故の危険性などが懸念される。日本製で、安全性の高いバッテリーの生産が急務。

◆原材料が足りない（コバルト、ニッケル、リチウム）

コバルト、リチウムは特に原材料の生産地は限られている。コンゴは中国に押さえられており日本のメーカーには調達リスクがある。原材料を豊富かつ安定的に入手出来ない限り、バッテリーの価格は下がらない。

◆航続距離

ＥＶの航続距離はバッテリーの容量に比例する。
航続距離が長いバッテリーは、値段が高く、重い。
充電を重ねると経年劣化し、購入当初より段々と航続距離は短くなる。

◆安全性に問題あり

リチウムイオンバッテリーは人体に有害な物質を含む。

火災や爆発の危険性もある。
過充電ならびに過放電などで、発火リスクがある。

◆環境汚染リスクが高い
電池は廃棄時に問題がある。
リサイクルの技術及びそのためのシステムと制度開発が必要。

◆充電するための電力が足りない（特に日本の場合）
充電が特定の時間に集中すれば、送配電網がパンクする。
夏と冬はただでさえ電力不足なのが日本。
一台のＥＶの蓄電量は、家一軒分の約一週間分の電力に相当する。
ただし被災したときや非常時の電源となる利点がある。
クリーンな電力は、再生可能エネルギーの増強、原発の再稼働が必要になる。

第3章

ＥＶ推進は株価のため？
テスラ＆イーロン・マスクの功罪！

——ＥＶが増えてもCO_2は減らない

未来ネット／旧林原チャンネル
配信日2021年2月12日（収録日1月12日）
より

ＥＶ化へのリスク、世界に負けない戦い方とは

加藤：ＥＶ化を目指し、そのためにガソリン車の販売を禁止するという「ＥＶ化の議論」の背景ですが、いったい誰が、何のためにそれを言っているのかをもっと明らかにする議論が出来ればと思います。**「ＥＶ化の闇」ともいうべき真相、「中国覇権」の問題**……例えば、日本が中国の自動車産業を育成してはいないか？ という疑惑などをもっと検証していきたいですね。

池田：今の日本の政策が、本当に自由経済に立脚しているのか、というところにすごく疑念があります。私企業である自動車メーカーに対して、こういうものを作るなとか、こういうものを作れと政府が言うのは、もはや計画経済だと思うんですね。ほとんど共産主義・社会主義じゃないか、ということに対して強い危惧を持っています。むしろ製品の多様性があるなかで、色んなものが予想外に発展してうまくいく……ということが、これまでの経済発展の重要なポイントだと僕は思っていますね。

加藤：第１章でe-fuelの話が出てきましたが、もし今後e-fuelが主流となったら日本は出遅れますか？

池田：e-fuelは、幸いなことにこれまでの普通のエンジンで燃やせるので、日本は全然出遅れていないです。

岡崎：ただ、それまでに全てをＥＶ化しちゃって、エンジン車の生産手段を全て捨ててしまう

と、いざe-fuelになったときに、元に戻れない状況になるんですよね。

加藤：なるほど。だから例えば2050年頃になって、リチウムイオン電池の資源も枯渇して、原発も全部廃炉になったりすると、世界はもうEVじゃなくて、エンジンを積んでe-fuelを使っている可能性もあるわけですよね。

岡崎：可能性はゼロではないですが、**どれか一つだけになっている未来はちょっと想像しにくい**です。

池田：結局、みんながこれから競争する話なんで、これがメインになるという見立てを決め打ちでやっていては駄目なんですよ。「技術を多様化させて進化させる。そのなかで市場の動向に合わせて良いものが伸びていく適者生存という形」こそが理想で、それこそが**負けない戦い方**じゃないでしょうか。

加藤：それはその通り。

池田：だけど今の段階で、選択と集中で「これだけにしろ！」ということを、どうもあの人たちは言うわけですよ。

加藤：全然ものづくりの仕組みをわかっていない政治家の方が「これからはEV化」と決めつけてしまうことが本当に恐ろしい。

池田：「EVもちゃんとやっておきなさいよ」と言うのはOKですよ。ただ、**「〝EVだけ〟をやり、他を禁じる」のは大きなリスク**であることを、ちゃんと伝えたいですね。

ＥＶ化した場合、充電器は国が揃えてくれるのか？ 37兆円分も！

加藤：ＥＶ化をするにあたって必要なインフラがありますね。自工会の豊田会長も「ＥＶ化するなら37兆円の充電インフラが必要」ということを記者会見で仰っていましたけど、アメリカのバイデン大統領は２０３０年までに50万カ所の充電施設をアメリカ中に設置することを発表しています（２０２０年時点では８万基弱）。ちなみに日本には、誰もが使える充電スタンドの数は約３万基、中国は64万基とのことです（２０２０年調べ。普通充電器と急速充電器の合計）。日本もＥＶ化と言うのであれば、充電インフラを日本全国に作らなければいけませんね。

岡崎：だからもう、本当に非現実的というか、流行《はや》りやムードで言っちゃっているんですね、「ＥＶしかない」って。でも、ＥＶを本気でやるというんだったら、何十兆円をかけて充電インフラをやります、自然エネルギーの発電も増やします、それでも到底足りないから原子力発電を10基作ります、と、これぐらいのことを選挙公約にして国民に問うぐらいの覚悟がないと、「ＥＶオンリー」なんて言えるはずがないんですよ。

池田：豊田会長は、「全自動車をＥＶにしたならば」の話として、試算して警告していますが、全自動車をＥＶにするプランというのは絶対無理です。

加藤：今はまだ、国内のＥＶの新車販売台数は１％に満たないですからね。

池田：グローバルで見ても２％ぐらいです。それで、残りの98％を禁止にするなんて、こんな馬鹿げた進化の方法はあり得ない。もっと言えば、本当にグローバルで１００％を目指すのならば、まず電気のインフラは世界中に完全に普及しなきゃいけません。それにはまず、極端な話かもしれませんけど、人類が戦争をやめないといけないんですよね。戦争ではインフラから最初に破壊されますので。発電所とかが一番最初に攻撃されるわけですよ。

岡崎：電力インフラって脆《もろ》くて変電所に不具合が発生したぐらいで、山手線が何時間も止まったりしますからね。

加藤：テロリストが最初に狙うところです。

池田：そうなんですよ。大袈裟《おおげさ》な話ではなく、「人類が戦争をやめられるのにあと何年ぐらいかかりますか？」という質問と、これはかなりイコールだと思っています。また、電気を使わずとも水素という選択肢もあります。例えば製鉄所とか製油所なんかでは「副生水素《ふくせいすいそ》」といって、ガソリンなり鉄なりを作っている途中で自然に出来てしまう水素があるんですよ。僕がトヨタのエンジン部門のトップに聞いたときには、「４００万台のクルマを走らせられるぐらいはある」と言うんですね。ただやっぱり純度が低いので、燃料電池ではちょっと使えない。だけれども、e-fuelあるいは水素自体を燃料として燃やすやり方だったら問題なく使えるわけです。そういった、今まで捨てていた４００万台分のエネルギーを再利用するルートを作る道もある。というわけでこの世界、まだ方法論が確立出来ていないわけですよ。

加藤：水素の話はまたじっくりしたいところですが、小泉大臣は「ＥＶ化するんだ」と、ほぼ決め打ちしちゃっているじゃないですか。

池田：他の技術についてもまんべんなくちゃんと学んでいただかないと成立しないですよね。

加藤：そうです。メーカーが何を作るかというのを、国が決めるというのは非常に恐ろしい話です。

実は思うほど売れていないＥＶ

岡崎：でも、その計画経済で強権を持っている中国共産党をもってしても、ＥＶは思ったほど売れていないんですよね。

加藤：そうなんです。

池田：彼らも、仕方なくハイブリッドもＯＫ、としたわけです。

加藤：今、中国では何パーセントがＥＶですか？

池田：新車販売のうちなのか、保有しているクルマの話なのかでパーセンテージは変わってくるんですけど、新車販売だと５・４％ですね（２０２０年調べ。新エネ車販売合計の割合）。

岡崎：北京とか上海でクルマの登録が出来ない、ナンバーが取れないという状況のなか、「ＥＶだったらすぐナンバーを出しますよ」という様々な特典を用意しているんですけど、思うようには伸びていませんね。

池田：内燃機関車に100万円とかの罰金をつけて、なおかつナンバーの交付に1年とか2年遅らせるとかして、EVじゃないとすぐに乗れないような状態を作ってもなおそんなものなんですよ。

加藤：中国では、トヨタのハイブリッド車はすごく売れていると聞きましたよ。

岡崎：そうですね。ハイブリッドというのはガソリンさえ入れておけば走れますし、航続距離も長いし、燃費もいい。加えてEVの充電と違って3分で給油出来ます。車両生産時を含めた二酸化炭素の総排出量はEVとそんなに変わらない状況でもあるのに、なぜハイブリッドをやっているとガラパゴスなの？　と不思議に思うところです。

池田：クルマを作るところから廃棄するところまで全部のCO2排出量でちゃんと量りましょうよ。そうじゃないとフェアではない、という「LCA［※1］」という考え方もあります。

今までは、EVが走っている間だけのことを見て「CO2ゼロでいいよね」という話だったんですけど、世界のCO2排出量の評価の仕方は、今後変わっていくでしょう。すると、ハイ

※1　LCA（Life Cycle Assessment）
製品やサービスのライフサイクル全体の環境影響評価のこと。
ライフサイクル全体とは「資源採取―原料生産―製品生産―流通・消費―廃棄・リサイクル」のこと。
LCAにもカラクリがあり、詳しくは第6章で議論します。

ブリッドとＥＶのＣＯ２排出量は、程度問題の差でしかなくなってしまうことも考えられますよ。なのに、何でＥＶだけが素晴らしいということになるのか……。

岡崎：そこですよ、ポイントは。ＥＶだけの世の中にしたら喜ぶ人がいるんだろうな、と思いますね。

加藤：そう、ＥＶで誰が儲かるのか……ということですね。

ＥＶ化で儲かるのは誰か？

池田：ＥＶで誰が得をするかといえば……まずはユーザー目線で考えてみましょうか。少なくともＥＶって常に充電のことを気にしなければいけないですよね。一軒家の自宅に住んでいて、夜に充電出来ればいいですよ。でも、そうじゃない人はいつどこで充電するのでしょうか。

加藤：充電するのに結構時間がかかりますよね。急速充電器でも満充電に30分はかかるでしょう？

岡崎：出力50ｋＷ（キロワット）の急速充電器を使っても、30分で充電出来るのは約25ｋＷｈ（キロワットアワー）。ちょっと大きいＥＶだったらせいぜい１００km走行分程です。

加藤：この前、誰かが書いていましたが、東京から仙台に行くのに2～3回充電しなければ駄目だったと。でも充電器があるところって結構限られているわけで、その高速充電器が使えなかったら完全にアウトじゃないですか？

岡崎：そうです。2人が充電待ちしていたら30分＋30分、自分も30分で、1時間半待つことになるわけですよ。世の中にEVが増えれば増えるほど、充電待ちになる確率は高くはなるわけです。だから、ユーザーが増えれば増えるほど、EVのメリットは享受《きょうじゅ》出来なくなる、ともいえます。

池田：もちろん技術の進歩は加味しなきゃいけないので、今30分かかっている充電がやがて15分になるかもしれない、充電器も増えるかもしれない、というのはあるんですけど、でもゼロにはならないわけですよね。

岡崎：ガソリンと同じように3分で入るようになるとは到底思えない。

池田：その問題を解決すべく、バッテリースワップ（交換）方式というのを開発したメーカーもあったんですけど、儲かる見込みが立てられず廃業しました。

岡崎：なのでユーザー目線的にいうと、**お金持ちであること、自宅に急速充電器を取り付けられる人であること**。そうでないと、**EVを買って快適に運用するのは難しい**ということになりますね。ちなみにこれは「誰一人取り残さない」というSDGs（エスディージーズ）の理念に反します（笑）。

ＥＶ化を政治家が推す理由。ＥＳＧ投資とＥＶの関係

岡崎：そもそも何でみんながこんなにＥＶ、ＥＶと言うんだと思います？

池田：まず一つはＥＶは非常にわかりやすく見えるんですよね。話がシンプルでいい。本当はこの問題はとても複雑で、何時間お話ししても、この本一冊でも、語り尽くせないほどの問題だらけなんですけど……「ＥＶ」の一言で解決した気になれる（笑）。特に政治家の皆さんですね。政治家というのはそもそもレク（レクチャー）を、１時間も２時間も聞いてくれませんから。

加藤：15分ですよ。

池田：でもそこで「ＥＶはエコです」と言えば、15分で説明出来る、へたしたらペライチ（紙1枚）で説明出来る。そうすると実に簡単な議論になるわけですよね。そこが第一。

岡崎：まさに**「ＥＶ」は魔法の言葉**ですね（笑）。

ＥＶ推進派のキーマン

池田：それからもう一つは、今は**「ＥＳＧ投資**［※２］**」**という言葉に代表されるように、とにかく株価を上げて儲けたい、短期的に成績を上げたい、というところがあって、技術を何十年もかけて成長させていくような面倒臭いことをやるよりも、ポーンと自社の株価を上げて投資

を呼び込みたいというニーズがあります。

岡崎：ＥＳＧ投資というのは環境、社会、それからガバナンスですよね。要は「悪いことをして儲けている会社ではなくて、世の中のためになるクリーンで良いことをしている会社に皆さん投資をしましょう！　その方が長期的に考えた場合の投資のパフォーマンスも上がりますよ！」という考え方なのですが、まぁ、そのこと自体は、僕はいいと思いますよ。

池田：本当にそうならね。

岡崎：そうなんです。今ってそれがほぼ曲解されているんですよね。日本の自動車メーカーというのは本当にものづくりの現場から積み上げてやっています。その象徴がハイブリッドです。エンジンとモーターをうまく組み合わせてＬＣＡで計ってもＥＶに負けないぐらいのＣＯ２排出量を実現しました。でも、ハイブリッドを作っている会社はＥＳＧ投資の対象にならずに、一部の人にしかメリットのないＥＶをやっている会社にばかりお金が集まるという現象が起きています。

加藤：なるほど。

岡崎：「ＥＳＧ投資は、本当に世の中のためのものなんですか？」と、僕はすごく疑問を持っています。政府内での動きを見ると、テスラの社外取締役で、経済産業省の参与をやってい

※2　ＥＳＧ投資
環境（Ｅ）・社会（Ｓ）・企業統治（Ｇ）に配慮している企業を重視・選別して行う投資のこと。２０２０年後半より関連企業に資金流入が加速。企業は投資家（株主）からも脱炭素とグリーン化を迫られている。

らっしゃった水野弘道［※3］さんという方がおりまして、ESG投資のプロともいえる方なんですけど、こういった方がおそらく政界でもレクチャーをされているでしょうね。「いやぁ〜、これからはEVですよ」、「EVやらないと、もう日本は世界から見放されますよ」というようなプレゼンがお上手なんだと思うんですよ。それを政治家が、しっかり聞いちゃっているんじゃないですかね。まっ、あくまで推測ですが。

加藤：2021年始めに、国連の特使になられていましたね、水野さん。国連サイドからESGやSDGsを発信されているようです。

池田：ところで水野さんが経産省の参与になったのが2020年5月7日、テスラの社外取締役になったのが4月23日なんですけど、これっておかしくないですかね。普通に考えて経産省の参与になるのに1カ月前にはもう全部身元調査は終わって、内示が出ているわけですよ。辞令が正式に出たのが5月7日ですが、この10日とちょっと前にテスラの社外取締役になる。これって偶然なんでしょうか？　すでに経産省の参与は辞任されていますが、こういう決まり方のプロセスの疑問は放置されたままです。どういう経緯で、誰が任命を決めたのか、そこがフェアだったのかどうかは、本来きちんと総括されるべきじゃないですか？

岡崎：ご本人は、そういうことはちゃんと経産省に説明したうえで、それでもいいと経産省に言われた、と仰っていましたけどね。

池田：もしそれが本当なら、経産省は相当問題です。日本の基幹産業である自動車産業と競合関係にある海外の企業の社外取締役が経産省の参与になって、日本の自動車メーカーを指導していいのかと。

岡崎：そういうことですね。水野さんのツイッターを拝見していますけど、クルマにはまったく詳しくないじゃないですか。例えば、トヨタの超小型ＥＶを見て、「こんなの出したのか！」と驚いていらっしゃるツイートをお見かけしたんですが、実はあれって１年前に出ていて、池田さんもその原稿を書いているわけですよ。

池田：Ｃ＋ｐｏｄ（シーポッド）の記事ですね。

岡崎：テスラには詳しいのかもしれないし投資にはすごく詳しいんだろうけど、クルマに詳しくない方の意見を真に受けて動いていくと間違った方向に行ってしまうと思います。

加藤：水野さんは、日本の年金の運用をしているＧＰＩＦ（年金積立金管理運用独立行政法人）で、年金運用についてのガイドラインをつくり、ご経験を積まれています［※４］。

※３　**水野弘道**
１９６５年生まれ。投資家。国連事務総長特使（２０２１年１月〜）。テスラ社外取締役（２０２０年４月〜）。住友信託銀行出身。元ＧＰＩＦ最高投資責任者（２０１５年１月〜２０２０年３月）。元経済産業省参与（２０２０年５月〜２０２１年１月）。２０２１年１月28日号の「週刊新潮」では〝菅政権の脱ガソリン車政策の黒幕〟という記事となり話題に。

※４
水野弘道氏は、年金積立金管理運用独立行政法人（ＧＰＩＦ）の最高投資責任者（ＣＩＯ）兼 理事を務めていた（２０１５年１月〜２０２０年３月）。

岡崎：そうですね。なので、そういう意味では世界のESG投資のリーダーの一人で、発言力もある方です。しかし、「ESG投資というものがそんなに正義なの？」というのを昨今の動きのなかで、僕は疑問に思っています。

2020年はテスラの株価が爆上がり

加藤：投資といえば、テスラの株価が2020年初頭から1年の間で約10倍に急騰しましたね［※5］（図1）。

岡崎：そのテスラが果たして地球環境に良いことをしているのか？ あんなにデカくて重くて速くて、電気をいっぱい食うEVを作って売ることが、果たしてCO_2削減、地球のためになるのかといったら、まぁ、ならないわけですよ。

池田：要するに、「EVを作ること＝エコロジー」という考え方なら、彼らはエコなことをやっているという話なんですけど、エネルギーをセーブしようという概念はどこにもないわけです。

加藤：リチウムイオン電池そのものが、ある面でいうと地球

図1 テスラ株価推移

に優しくないわけですしね。有害物質で環境破壊するわけですから。化石燃料に比べれば、CO2削減にはいいのかもしれませんが、廃棄まで考えたら大変な産業廃棄物になります。

池田：だから、今の風潮って、世の中の無知や誤解に基づいて〝わかりやすいところ〟だけをやっている。わかりにくいところでは、結構「それってどうなのよ」と言われることがいっぱいあるんですよね。だけどやっぱりテスラってこれだけの急成長をしているので、テスラを崇《あが》め奉《たてまつ》る人たちが大勢いるわけですよ。「凄い！　我々もこの成長を見習いたい！　あやかりたい！」と。

テスラは砂上の楼閣、バブルの絶頂

加藤：株価10倍で、イーロン・マスク〔※6〕CEOは個人資産が世界一位ですから。

池田：いやぁ、でも1年で10倍の成長って普通に考えておかしいですすって。

加藤：EVを年間50万台、製造している会社ですよね。

※**5　テスラ株価の推移**
2020年初の終値は「86ドル」だったが、2021年1月には「883ドル」まで上昇した。

※**6　イーロン・マスク**
2021年1月株価最高値時に、アマゾンのジェフ・ベゾス氏を抜いて個人資産世界1位になった。同年8月時点では世界2位で個人資産は約19兆円。

イーロン・マスク

岡崎：トヨタの20分の1ですね。
池田：マツダの3分の1でスバルの半分ともいえますが。
岡崎：地球のことを考えるんだったら、この資産をもうちょっといいところに使われたらいいんじゃないかなと思いますが（笑）。でもイーロン・マスクってやっぱり凄い人だなと思うのは、EVという新しいものを、世の中に「これは必要なものなんだ」と〝誤解〟させて、あたかも本当のように見せているところですよね。しかも、すごくカッコいいクルマを商品として提供して、年産50万台まで持っていったというのは、本当に素晴らしい経営者だと思います。でもね、一方で嘘もたくさん言っているんですよ。例えば「ロボ・タクシー」といって……。
池田：2020年中に100万台走らせるというやつですよね。
岡崎：そうそう。2020年には自動運転の運転手のいないテスラ車をタクシーとして100万台走らせるって、2019年の4月に言っていたんだけど、今どうですか？
池田：うーん、1台も走っていない（笑）。
岡崎：当時はかなり自信満々でしたよね。でも、日本の政府やメディアのなかには、イーロン・マスク凄い、テスラ凄い、EVも凄い、テスラの自動運転はさぞかし凄いんだろう、日本の技術はどうせオワコン（終わったコンテンツ）だろう……と思っている人も結構いるようなんですが、これらは明らかに嘘なわけですよ。というかただのイメージ、虚像の上に成り立っている、まさにバブルですよね。テスラは砂上の楼閣なわけです。

加藤：まさしくこの株価もバブルじゃないですか。

池田：この株価がバブルじゃなかったら何がバブルなんだという話ですよ。

岡崎：空売り筋は、株価が異常に高いから空売りするわけじゃないですか？　で、予想より上がって大損した人も多いわけですけど。その空売り阻止を、ＧＰＩＦ在籍時の水野さんがやったというのを僕は新聞記事で読みましたけどね。そういう意味ではイーロン・マスクにはかなり感謝されているんじゃないですか。

ＥＶ化で得をする人々の正体

加藤：ＥＶが普及して、１％のマーケットシェアしかないＥＶが１００％にはならないとしても、これが40％、50％になった場合、誰が得をしますか？

岡崎：そうですね、やはりＥＳＧ投資をしている人たちにとっては、世界中から日本にお金が入ってくるんだったらいいと思いますね。ＥＳＧ投資の額が大きくなればなるほど、それを扱っている人たちにも手数料がたんまり入ってきますし、あと、株を持っている資産家の人たちは喜びますよね。

加藤：ＥＳＧ金融商品を販売する金融関係者、ファンドマネージャーや投資家などは、**このＥＶ化に旗を振ることによって得をする**わけですね。

岡崎：そうです。

池田：ＥＳＧ投資については、理念は素晴らしいのですが、それを投機の手段としたい人たちが暗躍してしまって、理想の話と関係なくなっているわけですよ。太陽光パネルの生産がウイグルの強制労働に依存している問題とか、コバルトがコンゴの児童労働搾取で問題になっている話とかを、ＥＳＧ投資で解決するどころか、太陽光発電やバッテリー関係のメーカーにどんどん投資して後押ししてしまっている。実態があまりにも乖離《かいり》しすぎています。ＳＤＧｓの崇高な理念はどこへいってしまったんでしょうか。

ＥＶ開発と自動車産業のこれからとイーロン・マスクの功罪

加藤：ＥＶにシフトした場合、日本の経済を支えている自動車産業にはどんな影響がありますでしょうか？

岡崎：急激な変化というのは明らかにマイナスなんですよ。例えば「**２０３５年でどのぐらいＥＶが走っているか？**」**と様々な機関が試算をしている**んですけど、これね、やっぱりポジショントークの嵐。日々ちゃんと機械を作っているエンジニアリング会社などは割と保守的で「EVはせいぜい30％ぐらいでしょう」と言っているんだけど、環境系のファンドを立ち上げている研究機関がやったところなどは「90％いってます」みたいな感じでね。

池田：EV推進派の方は、バッテリーの価格はこのままいくとどんどん下がって、軽自動車でも通用するようになると言います。でもそれは何の根拠もない乱暴な予測……というより願望であって、まったくあてにならないものです。もう一つ、EVの議論をするときにちゃんと考えなきゃいけないのは、ステージ（段階）があるということなんですよ。EVというものが、このように環境技術として注目されているとき、日本の自動車メーカーなどはそれまで一生懸命に「どうやって軽くて小さくてエネルギーを食わない自動車を作ろうか」と爪に火を点《とも》すような研究を日夜努力してやっていたんです。

加藤：まさに仰る通りですね。

池田：そこにイーロン・マスクという人が現れて。この人が凄かったのは「いやいや、電気はゼロ・エミッション（CO2ゼロ）なんだから、バッテリーを積めるだけ積んで、速くてスタイリッシュなクルマを作っちゃったら、めっちゃ普及するじゃん」と言い切ったことです。普及をまず優先させたのです。EVの社会的な認知を進めるには、それはものすごいプラスだった。真面目な技術者だけではブレイク出来なかったところを、イーロン・マスクがブレイクさせたというのは事実です。だけれども、もうそのステージは終わって、これからは本当に地球環境のことを考えなくてはならなくなったともいえます。

岡崎：だから小泉進次郎さんは「環境問題をセクシーに」とか言っていたのか。イーロン・マスクの言っていたことと同じなんですね。

池田：同じですよ。

岡崎：**テスラはやっぱり〝セクシー〟で売ってきたクルマ**なんですよ、エコじゃなくてね。

加藤：なるほど。

岡崎：この二人って、感覚がすごい近いんじゃない？　実際、打ち合わせているかもしれないけれど。

池田：ええ、これに水野さんも含めるとだいぶシンクロするでしょう。ただね、これからはそうじゃないわけですよ。電気（電力）がゼロ・エミッションだったというのは普及のための方便だったわけだから、これからは**本当に省エネルギーなやり方を考えていくべき**でしょう。

テスラとＮＩＯの嘘つき合戦——大風呂敷の争い

加藤：ところで、テスラのバッテリーの持ち具合はどうなんですか？　減りは早い方ですか？

池田：結構いいみたいですよ。中国製のバッテリーを積んだ新型は別ですが、元々のタイプは優秀なんですよ。だって、パナソニックのバッテリーですから。

加藤：東京都内を走る分には十分ですか？

岡崎：都内を走っていても問題ないし、５００km とか走れますから名古屋までは余裕で行けます（東京―名古屋間は約３５０km）。

加藤：本当に大丈夫ですか？

岡崎：大丈夫ですよ。でも、大きいバッテリーって当然、大きいバケツみたいなものですから、充電するのにも時間がかかるわけですよ。家庭用の充電器で充電すると一晩じゃ満タンにならないというケースもありますね。

加藤：急速充電器で満充電にするのにどのぐらいかかりますか？

岡崎：テスラは専用の急速充電器があって（テスラ・スーパーチャージャー）、まだまだ数は少ないですが２５０ｋＷという超高出力のものも出てきています。それだと30分で８割ぐらいは復活出来るんじゃないですか。

池田：ただ、それを繰り返していくとやっぱりバッテリーが劣化しちゃうんですよね。急速充電はバッテリーに悪いとも言われます。

加藤：急速充電器を使わないで普通に充電するのは大変でしょう。何時間も待っていられないし。

池田：だから家で夜、寝ている間に充電して、それで走れる走行距離のなかで使うというのがＥＶの本来の使い方なんですよ。

加藤：中国で、バッテリーごとドンと、スタンドで交換するシステムが出てきたという記事を見ましたよ。カセット式で、3分で交換出来るそうです。

池田：NIO［※7］という中国メーカーですね。

岡崎：NIOの株価は、テスラ以上に上がっていますからね。あれはまさにテスラの今までやってきたやつを3倍ぐらいの早回しにしているようなものです。色んな大風呂敷を広げて、株価もそれにつられて上がっているという典型ですね。

池田：このバッテリー交換のサービスが本当に出来たら凄いですけど、先ほどもいった通り、バッテリースワップは多くの人がチャレンジして挫折した分野です。技術面とコスト面を考えると、あのスペックが実現出来るとは到底思えないんですよね。

加藤：NIOのクルマの方はどうですか？「ET7」という2021年内に発売される新車は「1回の充電で1000km走る」とか言っていますね（容量150kWhのバッテリーを搭載した場合）。

岡崎：でもね、あれだけの容量のバッテリーを積んであの価格はどう考えても計算が合わないですよね。

加藤：どういう仕組みになってるんですかね？

岡崎：僕が思うに中国共産党、政府からの補助金が一つあるのと、あともう一つは大風呂敷を広げることで株価が上がるじゃないですか？

NIO「ET7」
最低スペックは約720万円から

加藤：1台売るたびに損をしても……。

岡崎：株価が上がれば元は取れるよね、というような仕組みも考えられます。また、彼らは、2022年には「全固体電池という次世代バッテリーを「ET7」に搭載して売る」と言っているわけですよ。これは常識的に言って考えられないですよね？

池田：全固体電池が夢のバッテリーと言われてから結構経っているんですけども。実験室レベルではもう確認されているんですが――、それでも2022年は早いですねぇ。それとNIOは固体電池とは言っていますが、全固体電池とは言っていないんです。だからジェル（半固体）なんじゃないかと。

加藤：トヨタも全固体電池を生産すると言っていますが。

池田：そうです。でも、トヨタ自身もまだ実装には時間がかかると言っているんですよ。第2

※7　NIO／ニオ
中国上海発の電気自動車スタートアップ企業。CEOは李斌（ウィリアム・リー）。新サービス『NIO BaaS』（NIO Battery as a Service）では、バッテリーの交換が3分で出来るシステムを開発。ハイスペックなEVを発売し注目を浴びている。

章でも述べましたが、量産技術が確立していないんですよね。
加藤：全固体電池は、村田製作所やトヨタが一番乗りじゃないかと言われています。
池田：このバッテリーを作っていくために工場を作らなきゃならない。それにはまず量産技術が出来て、それを実現するための工場を作る。工場の土地を開発して工場用地を取得して、そこで建築の許可だとか環境に対するアセスメントだとかをやっていったら、2年ぐらい平気でかかるわけです。
岡崎：あのね池田さん、そんなこと言っていたら株が上がらなくなっちゃうから（笑）。
池田：そういう話じゃなくて（笑）。
岡崎：CEOなら、そこは目を瞑《つむ》って「すぐ出来るよ」と言うんですよ（笑）。
加藤：いやぁ、それは凄い神経ですね。
池田：だから多くの人がそういうのを全部すっ飛ばして嘘をついているわけですよ。
加藤：テスラのやり口と一緒ですね。
池田：まったく一緒です。
岡崎：明らかにNIOはテスラを見て、テスラよりも色んなところでちょっとずつ凄いという、さらに大きな風呂敷を広げて見せています。
池田：だから今、**世界が大風呂敷競争**になっていて、どっちが大きく膨《ふく》らませられるか競っている。まるでカエルのお腹《なか》の話といいますか、滑稽ですよね。

日本のメーカーは〝嘘つき合戦〟に参加しないのか？

加藤：日本のメーカーはどうですか。お腹、膨らませないのですか？

岡崎：そういう意味ではホンダ以外の日本のメーカーはちょっと真面目すぎるのかもしれない。まぁ、ホンダの三部《みべ》敏宏社長も、エンジンはやめると言いつつ腹の底ではどう思っているのかはわかりませんけど。

池田：ただね、「日本のメーカーにそうなってほしいですか？」という話ですよ。

加藤：絶対にやめてほしい。

池田：いいとこを失っちゃうでしょう、日本のものづくりの。

加藤：日本のメーカーはあらゆるケースを想定して、誠実に作りますよね。

岡崎：そうなんです。

加藤：私も以前、メーカーがクルマの耐久性試験をしているところを見させていただきましたけど、あらゆる天候にも耐えられるよう入念にチェックしていました。「どこまでやったら壊れるか」という衝突実験なども拝見しました。何度も繰り返して実験してね。自動運転でも、実際に様々な実験を繰り返し、データを検証し、一台のクルマを世に出していくわけですよ。

岡崎：まったくそうですね。頭が下がります。

加藤：例えばトランスミッションやエンジンについても然《しか》り、あらゆる協力会社が知恵を絞って改善しながら一つの部品を作っているのに対し、この「EV化＝エコ」という政治家の軽薄な思い込み政策で、そういった努力が吹き飛んでしまうのじゃないかと、本当に心配です。

EV化で一番得をするのは中国——日本の技術に追いつけない人々

岡崎：EVで誰が得をするかという話ですが、海外に目を向けると、**一番得をするのはズバリ中国**です。だから、EVに急速にシフトするという発想は、「エンジンなどの精密機械を作るのが日本に敵わない」「ハイブリッド技術も日本に敵わない」ということから、「EVで行こう」という考えになったのです。

池田：EVは、エンジン車より部品点数が少なくて作りやすいというやつですね。

岡崎：基本的に、ヨーロッパ各国も同じ発想、同じ流れです。ハイブリッド開発に失敗しているんですよ、彼らは。ディーゼルでも失敗しています。そういう流れがあるので「世界的な潮流なんだから日本もEVをやろう」という考えは、向こうの罠に自ら飛び込んでいくようなものなんですよ。日本の政治家は、**日本の技術をしっかり理解して、正論をガツンと言って、日本のものづくりの真髄を強く主張しなきゃいけない。**

池田：ジャパン・ウェイ（日本のやり方）をきちんと世界に向けて説明していくことが、政治家の本来の役割だと思うんですよ。「日本はハイブリッドに絞れ」と言っているんじゃないんです。中国も欧州もＥＶしか作れない。日本はＥＶもハイブリッドも作れる。日本は技術の幅が広いんです。

加藤：日本のことを海外に伝えたりアピールすることが、日本人は本当にへたですね。自らの良いところを積極的に売り込んでいく力が、これからは求められますね。

東南アジアでＥＶは普及するのか？

加藤：また素朴な疑問ですけど、東南アジアを中心としたアジア諸国など、そもそも電力が足りないところでは、ＥＶなんてとてもじゃないけど普及出来ないですよね。

岡崎：そうです。タイに行ったら少年が道端でペットボトルに入ったガソリンを売っています。走っているスクーター用の燃料なんです。このように世界中のどんな僻地に行っても液体燃料というのはＯＫなわけですね。

加藤：むしろ日本の新車をどんどん買えば、アジアの空もきれいになるんじゃないですか。

岡崎：そうですよ。ＥＶはゼロ・エミッションと言って、「排気ガスが出ないからきれいだ」と言っていますけど、最新のガソリンエンジンは非常に優秀でね。例えば大気汚染のヒドい都市、中国とかロンドンとかパリもそうだと思うんですけど、淀んだ街の中の特に汚い場所の空気よりも排気管から出る排気の方がむしろきれいですから。最新の内燃機関は汚いどころか、走る空気清浄機と言ってもいいぐらいのレベルになっていますよ。大袈裟じゃなく本当です。

加藤：それは凄い。各メーカーの努力の結晶の賜物《たまもの》ですね。なのに日本の政治家は日本の良いところを見過ごして、**中国と欧州、テスラの罠にはまっていっているんですね。**

岡崎：誰のために政治をしているのかという話ですよ。

加藤：これは大きな問題ですね、日本の国民にとって。

中国の覇権と日本の自動車産業の行方

池田：米中関係はバイデン路線になって微妙なところもありますけど、中国企業への締め付けを緩められると、これから中国は本当にやりたい放題なんで、それだけはやめていただきたい。

加藤：これを緩めると中国一強の時代がやってくる。

池田：まさに。

岡崎：そういうことになりますね。

加藤：13億の民が世界を呑み込むと。

池田：13億という この数字が非常に問題で、そもそも彼らは正常な産業の発展史を踏んできていないんですよね。つまり農業から発展して手工業が発展し、それが工場制手工業になって……という段階が普通の先進国にはあるわけじゃないですか。日本は、明治、あるいは江戸時代からずっとそれを積み上げてきて、全ての産業が豊かになっているんです。だから、仮にGDPで中国に負けても、一人当たりのGDPでは全然負けていないでしょう。

岡崎：でも今後はどうなるかわからない。

池田：**なぜ中国が近年急に発展したか**というと、常に重点的政策のところ、例えば製造業であるとか、自動車、通信、物流であるとか、そういうところに集中的に富を集めて、税金をバンバン投入してその分野で勝てるようにする。そうやった結果が今の中国の覇権であって、**実にいびつ**なんです。だから1〜2億人の一部の上層部の人たちは豊かになっているかもしれないけれど、下層の人たちまで豊かになる方法ではないんですよ。農業生産だって全然うまくいってないから、中国の食料自給率はヒドいことになっているじゃないですか。そういう産業構造になっている**中国を巨大マーケットだと捉えても意味がない**ことに早く気付かなければいけません。中国の奥地の人たちは、いまだに電気のない生活しているんですよ。EVどころではないでしょう。

岡崎：豊かになれば中国でも民主化が進むんじゃないかと言っていましたが、あれも幻想、嘘に終わりました。

加藤：そうですね。香港を見ていただくとよくわかります。

岡崎：そうです。だから中国はそういう国だと思わないと。

加藤：香港、ウイグル、チベット……中国の綻《ほころ》びが見えてきましたね。

岡崎：日本の政治がそんな中国を利する政策にシフトしてきているのが、ＥＶという一つの産業を見ても感じるところです。

ＥＶはあくまで手段であり目的ではない

加藤：中国のバッテリー覇権は本当に危惧すべきだと思いますね。自動車産業の母屋《おもや》を取られますよ。

岡崎：はい。加えて、前にも言ったようにバッテリーが高い。全ての自動車をＥＶにするというのは、「貧乏人はクルマに乗るな」と言ってるのと同じです。

池田：ＥＶの価格ダウンの方策が出ていないにもかかわらず、ＥＶ以外は売らないということは、クルマの最低価格がガンと上がっちゃうんですよ。たぶん４００万円ぐらいからのスタートになりますね。

加藤：軽自動車はどうなりますか？

岡崎：軽自動車は本当に小さいバッテリーをつけて、１００〜１５０㎞も走れれば十分、というものになっていかざるを得ないでしょう。

池田：その回答が、トヨタが発売した小さいＥＶ、「Ｃ＋ｐｏｄ（シーポッド）」［※8］ですよね。

岡崎：これは税抜き１５０万円。中国でも小型のＥＶは大人気です（中国のＥＶ事情は、第4

トヨタ「C+pod」（シーポッド）　画像提供：トヨタ自動車

章でたっぷり触れます）。

加藤：ダイハツなどはどうなんですか？　60万円台で軽自動車を作っている優れた技術を持っているメーカーですよ。廉価で、安全で、馬力のあるクルマを作るって凄いことじゃないですか。日本の軽自動車の技術は世界一です。

池田：元来持っている技術を磨いて磨いて作っているからあの価格でやっていけるわけですし、低いCO_2排出量で走れる素晴らしいクルマが作れているわけです。

加藤：庶民の足ですよ。それも潰そうっていうことが許されない。

池田：クルマの種別で、ＥＶだから、ガソリンだから、みたいなことで決めつけて生産出来なくしちゃうって、本当に頭がおかしいんですよ。CO_2を減らしたいんだから、CO_2の排出量で規制すればいいじゃないですか。何度でも僕は言いますけど、ＥＶかどうかで規制するのは、まったくもっておかしい。

岡崎：よくいますよね、目的と手段を取り違えちゃう人って。

※8　トヨタ「Ｃ＋ｐｏｄ」（シーポッド）
２人乗りの超小型ＥＶ。最高速度は60㎞／ｈ。一般発売は２０２２年の予定。

池田：そう。**EVは手段**なんですよ。CO2削減のための手段の一つにすぎないのに、EVであることの方が大事になっている。

加藤：日本の田舎の道なんて軽自動車じゃなかったら走れないような狭いところも、たくさんありますからね。

池田：それは豊田会長もはっきり仰っていました。80%がそういう道だと。

加藤：本当ね。東京にいると気が付かないけれど、田舎に行くと、軽じゃないとすれ違うことすら出来ないような道がたくさんあります。

岡崎：我々、一人一人、それぞれが自動車ユーザーじゃないですか。だからこそ「これからはEVだ」「どんどんEV一色でやるんだ」と言っているような政治家に選挙で票を入れちゃいけないと思うんですよ。なぜかと言うと、日本の国益のためにならないし、一人一人のユーザーのメリットにもならないから。もちろん、CO2削減は、2050年に向けて色んな方法でやっていけばいいんですよ。でもね、それを急いだり、それをやらないと日本は遅れる、世界は今こうなんだから……と、脅しのようなことを言って、EVだけを推す政治家は要注意人物と思っておいた方がいいですね。

加藤：政府が何を目論《もくろ》んでいるのか、実に計りかねます。ヨーロッパの規制に備えること、企業に環境関連の投資をさせること、あともう一つ考えられるのは、電源の話じゃないですか。

ＥＶ化するなら原発再稼働は必須

岡崎：そうですね。やっぱりＥＶをやると言うんだったら、政治家は「原子力発電をやります」とこの問題から逃げないで、正面から国民に問わないと駄目だと思う。

池田：豊田会長も「原発を10基作らなきゃ電力が足りませんよ」と仰いましたが、「あなたち（政治家）に出来るんですか？」というニュアンスで言ったと僕は捉えました。でもこの発言はへたをすると原発推進派の政治家に利用される恐れがあるわけですよ。「自工会会長も自動車評論家も、原発を作らないと自動車産業が滅びると言っているから、原発は必要だ」とね。別に僕らは原発再稼働に加担したいわけでも何でもなくて。ただ、「電源の問題はどうするんですか」と言っているだけなんですよね。だけど、それをもしかしたら一部の方たち、主に経産省関係の方たちが利用しようとしているのでは、と思ったりもして……。それはそれでちょっと腹立たしい。

ＥＶ化と脱炭素政策は総力戦――方法は一つではない

加藤：２０５０年、カーボンニュートラル（脱炭素）社会になったとき、原発が再稼働し、建て替えや小型原発などがベース電源として安価で安定した電力を提供しないと、自動車だけではなく、**日本のあらゆる製造業を続けていくことが出来なくなる**ということです。地方経済を支えているのは圧倒的に製造業です。輸出産業を支えているのも、ほとんどがCO2削減で引っかかる産業ばかりですよ。これらがなくなってしまったらどうなるのか。インバウンドの観光事業だけで生きていけるのでしょうか。

岡崎：無理ですね。日本はますます貧しくなります。

加藤：e-fuelは、2030年までに運用されると思いますか？

池田：この話をし出すとグルグル回ってしまう傾向があってですね……やはり一つに絞るのは駄目なんです。e-fuelでやれることはe-fuelでやりましょう。EVでやれることはEVでやりましょう。ハイブリッドでやれることはハイブリッドで、内燃機関でやれることは内燃機関でやりましょうと、色んな技術の総合力でやった方がいい。

加藤：技術のミックスで乗り切る。

池田：「**日本人の知恵の総力戦で、CO2をどこまで減らせるか**」というのを世界に示していかなくてはなりません。そのなかで競争があって、この技術がより伸びたねとか、これのコストが低減されて良くなったね、という現実的な目線が、これからは大事だと思います。

岡崎：e-fuelに関しては、技術的にはもう出来ています。でも大量生産の難しさがあり、何よりコストが高い状況ですので、今は頑張ってコストを下げていきましょうという段階です。仮に、ガソリンの2倍の値段にまで落ちてきたら、全部e-fuelじゃなくても「3分の1入れてみようか」「半分入れてみようか」という対応でも、コストはずいぶん圧縮されますよね。それでＣＯ２が50％削減出来るんだったら、それも一つの方法です。
加藤：ＥＶ１台に80万円の補助金を出すよりは、むしろe-fuelの開発のところに補助金を出した方がいいんじゃないですか？
岡崎：e-fuelも水素と二酸化炭素をくっつける必要があるので、その水素をどうやって作るのか、というところも資金投入、技術改良の余地が大いにあります。
池田：先ほどの副生水素の話なども、そこにうまく融合出来るかもしれないですし、そういう様々な可能性がまだたくさんあって、確定していないんですよね。
加藤：なるほど。まだまだ発展段階にあると。
岡崎：なので、一つに決めると他の可能性を全部捨てちゃうことになるので、それはそれで危ない話なのです。当てずっぽうのギャンブルになってしまう。
池田：だから多様性こそが大事で、**多様性は自由経済の基本**だということです。
加藤：ＥＶは、安易に結論を急がずに、まして政府が結論を出す話でもなく……。
池田：政府が出してはいけない。
加藤：日本の自動車産業が総力をあげて挑戦するのを、政府が応援をする。それがあるべき姿ではないでしょうか。
岡崎：そうですとも。僕がよく聞かれるのは「それで、どれが勝つの？」「どれが一番いいの？」 なんですが（笑）、そのたびにこう答えています。「**正解は一つじゃないのが正解**だよ」と。色んなものでやっていくというのがやっぱり正解なんだろうなと。

加藤：ベストミックス。

岡崎：そうです。

加藤：そういう点では、政治がメーカーの挑戦を応援するスキームを作り、ユーザーに色々な選択肢の商品を提供することがベストですね。

池田：応援まではしてくれなくていいけれど、足を引っ張らないでほしいなぁと。

加藤：**日本車は世界で一番環境に優しい**。政府ももっと自信をもってほしいですね。なんでもヨーロッパの基準に合わせるのではなく、日本流のCO_2削減に向けての取り組みを、海外に発信し、諸外国に提案してほしいです。

第4章

中国EV最新事情！「中国製造2025」を読み解く！

EV推進の嘘
#4
台頭する中国「中国製造2025」

未来ネット / 旧林原チャンネル
配信日2021年3月15日（収録日2月17日）
より

「中国製造2025」の恐るべき野望

加藤：これまで、中国がEV覇権を狙っているという話をしてきましたが、それはバッテリー覇権争いでもあったわけです。様々な産業で中国の躍進が伝えられるなかで、中国の真の狙いというものを、EVを通して、よくご理解いただければと考えています。

岡崎：中国はここ数年、なぜ製造業に力を入れてきたのか、という話ですね。

加藤：やはり明治日本と同じように、近年の中国はまさに殖産興業と富国強兵ですね。国家目標の重要産業に製造業を位置づけ、支援していくことが最重要政策だと考えていまして、それが「中国製造2025［※1］」によく表れています。

まずその「中国製造2025」の冒頭にある文章をご紹介させていただきます。

> **製造業は国民経済の主体であり、立国の根源であり、興国の器であり、強国の基礎である。18世紀半ばに始まった産業文明以来、世界の強国の興亡と中華民族の奮闘の歴史は、強い製造業がなければ、国家と民族の繁栄も存在し得ないことを証明している。国際競争力のある製造業を確立させることこそは中国の総合的な国力を高め、国家安全を保障し、世界の強国を打ち立てるための唯一無二の道である**

加藤：これ、どう思いますか？

池田：正直、素晴らしいですね。

加藤：素晴らしいでしょう。まったく素晴らしいのですよ（笑）。

岡崎：この戦略の裏で行われている様々なことを考えると無条件で褒めたたえるのもなんだなと思うんですが……でも日本もこのぐらいのことを政治家の方には言ってほしいですね。

加藤：本当にそうです。国家が繁栄するためには製造業が最も大事だということを中国はよくわかっています。国家としての明確な意志がある。

池田：今の日本の政治家が忘れてしまっていることかもしれない。

加藤：仰る通りです。日本にはその意志がない。では中国が国家戦略のなかで「この10項目においては覇権を握っていくぞ」というものについて見ていきたいと思います（次ページの図1参照）。

まず1番目が「次世代情報技術」。これには5G、6G、半導体、通信の分野が入ってきます。まさにファーウェイが先頭にいます。

2番目は機械・ロボットの分野。ＣＮＣというのは、コンピューターで制御する技術です。

※1　**中国製造２０２５**
国家戦略。製造強国戦略。中華民族の偉大なる復興のため２０１５年に発表。２０２５年までに製造強国入り、建国１００周年（２０４９年）までに製造強国のトップグループ入りを果たすためのロードマップ。

図1　中国製造2025 国家戦略10項目

1. 次世代情報技術（5G、**半導体**）
2. CNC工作機械・ロボット
3. 航空・宇宙装備
4. 海洋エンジニアリング、ハイテク船舶
5. 先進軌道交通整備
6. **省エネ**・新エネ自動車
7. 電力設備
8. 農業設備
9. **新素材**
10. バイオ医薬・高性能医療機器

3、4、5は、宇宙、空、海、陸を制圧するということ。

6番目がまさにEVの分野。

7番目が「電力」、8番目が「農業」、9番目が「新素材」、10番目に「バイオ医薬・高性能医療機器」が入っています。

このなかでマークしている1、6、9の分野が、特に自動車産業に密接に関わってくる分野です。

岡崎：いやぁ、これ全部コピペして日本の政策にしてもいいんじゃないですか（笑）。

加藤：本当にそう思います。日本がすでに技術を持っている部分も非常に多いですけれど、中国は戦略に長《た》けています。「千人計画［※2］」などでは、日本や海外から優秀な技術者や学者をお金の力で招聘《しょうへい》していますが、高度な技術をどんどんものにして、製造業を発展させ国家の足腰を強くしていきたいと考えているわけですね。

池田：かたや我が国では「ESG投資」、それから「グリーン&デジタル戦略」。

岡崎：製造業、〝ものづくり大国ニッポン〟はどこへいったのかと。

ＥＶバッテリーで半導体と同じ轍《てつ》は踏みたくない

池田：これまで「国外で作ってもいいじゃないか」という考えで半導体はやってきたわけじゃないですか。「設計を国内でやっておけば大丈夫」と言っていた結果が、今の半導体の体たらく。そして自動車では、「ＥＶのバッテリーを国内で強化しよう」という話には、まだちょっとなっていない。「少しまずいんじゃないか？」という気配や焦りは見え始めてきましたけど、菅政権の成長プラン、要するにグリーンとデジタル戦略で１９０兆円も成長させるという話の軸のなかには、バッテリーの生産、半導体の増産、これらを国内に何が何でも取り戻す……という計画は織り込まれていないわけです。そのうえでのＥＶ化……これはどういう話ですか、中国さんに作ってもらうんですか？　ということですよね。

加藤：仰る通りです。

岡崎：僕もそうは思いたくないんですけど、政府資料を見ていると、急いで作ったんだな、海外がそうやっているから日本もそうしたのかな……という印象が否めません。「グリーン投資を通して成長するんだ」という内容は、欧州のグリーン・ディールとそんなに変わらないんで

※２　中国共産党の「千人計画」
２００８年に設立した海外ハイレベル人材招致計画。今や産業育成の推進ではなく〝他国からの技術流出を推進する計画〟と認識されている（マネーの力で技術者や学者を招聘）。

すよね。でも、欧州では、バッテリーを自分たちの域内で作ろうと動き始めている。そういう意味では、今のところ日本は掛け声だけにしか見えませんね。デジタルとグリーンと言われても、具体的なものが浮かぶ方は少ないと思うんですけれど。これはどういうことだと見ています？

池田：結局ね、僕には〝隣の芝生〟に見えるんですよ。今まであんまりやってこなかったことでしょう、デジタル化にしてもグリーン化にしても。だって、ハンコを押さないと書類が出せないみたいな世界にいて、「ハンコをなくします！」とわざわざアピールしなきゃならないレベルですからね。それが世界と戦う戦略になるんですか、という話ですよ。色んな評論家の方たちも言っているように、「中国にはやられるぞ、負けるぞ」とみんな思っているわけじゃないですか。でも、それって実際、中国に負けるのは日本の産業じゃなくて日本の政治が、でしょう。日本の産業を成長させるべきときに、トンチンカンな政策を立てているのは誰ですか、と問いたい。本当に投資だけでいけるのか？　日経平均が上がればそれでいいのか。中国は製造こそが唯一無二の方法だと言っていますよ。「中国のあんな成長なんて、屁《へ》でもないんだ。我々にはこういった戦略がある」と言えるんだったらいいけれど、それだけの強い戦略感って感じますか？

岡崎：いや、ないですね。

加藤：この国の現在には国家の目標や戦略が見えません。国力を増やすのであれば屋台骨をしっかりさせなければならないでしょう。製造業を重要産業に位置づけなければなりませんが、位置づけているとはいえません。そんなことでは日本国民の未来に関心があるのかどうかも心配になります。

池田：これは、あくまで私個人の考えですが……かつて半導体製造が日本で焼け野原になっていきました。本来なら政府はその途中段階で半導体メーカーにヒアリングして「君たちが生き残って世界での地位を残していくために、政府は何をすれば勝てますか？」と聞くべきだったのに、政府が勝手に舵取りをしてみんなを合併させて、水と油みたいな会社を混ぜてしまった。意見の統一が出来ないような体勢を作っておいて、その挙句に「政府が外注しましょう」みたいな作戦を立てていっちゃったわけじゃないですか。それと同じ匂いが今、ＥＶ化のところにはあるわけですよ……。

岡崎：同じ轍《てつ》は踏みたくないですね。

池田：だから、自工会の会長として豊田章男さんがあれだけ激しい非難をしたわけじゃないですか。非難というとあの人は嫌がるかもしれないけど、僕らから見たら、**やっぱりあれは政府への反抗**だったんですよ。豊田会長の言い分をちゃんと聞いて、そのために政府が何をサポートすれば日本の自動車産業が勝ち残れるのかをしっかり考えるべきなのに、「投資したら儲かるから」とかいうわけのわかんない話に着地しちゃう。本当にわからないですよね。

加藤：「地球環境を良くする」「ＣＯ２削減」が今回の「グリーン成長戦略」の最終的な目標であっ

図2　世界のエネルギー起源CO2排出量シェア（2018年）

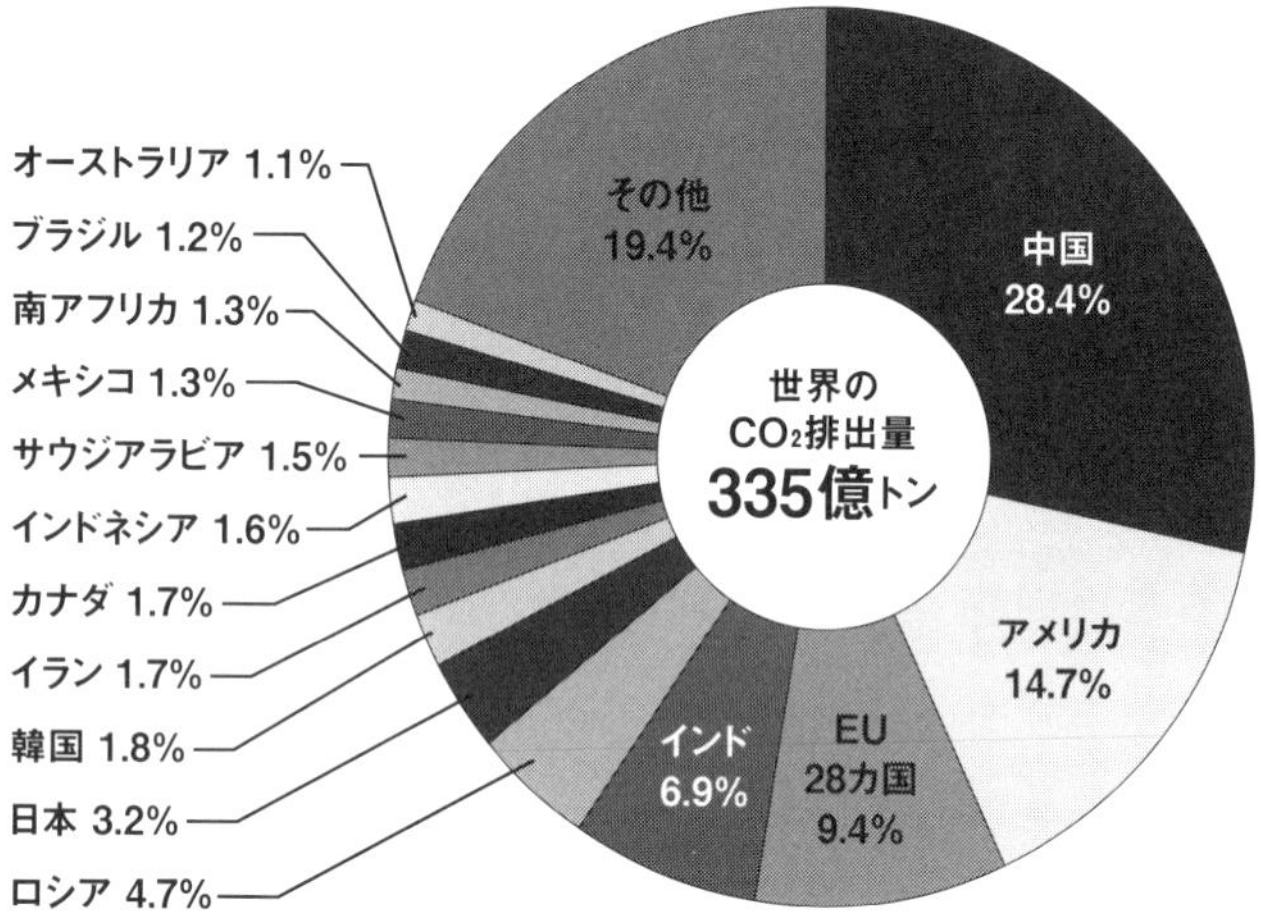

出典:IEA「CO2 EMISSIONS FROM FUEL COMBUSTION」2020 EDITIONより環境省作成

て、「国の経済を強くして、国民の生活を豊かにする」が国家の目標になっていないのではないか……と思えてしょうがないですね。

岡崎：**「地球のために日本国民は犠牲になれ」**としか聞こえません。

加藤：何といっても、世界のCO2排出量の3分の1は中国ですからね。日本は3%。中国は2030年までは排出量が増える見込みです。**中国のCO2を抑えない限り、世界のCO2は減らない**。企業のトップは、そのことを十分にわかっていても、なかなか口に出さない。

岡崎：僕は、政治は専門外ですが、これまでクルマを通して様々な企業の経営者のスピーチを見聞きしてきましたが、**トップが骨太な理念を語らなくなった会社というのはだいたい落ちていくんですよ**。落ちていくところのトップというのは、数字のことばかり言うんですね。やっぱり、理念とかビジョンをバーンと出して、「みんな、そこに向かって頑張っていこうよ」という企業の方が間違いなく伸びています。同じように、政治のトップにいる方にもそこが一番求められているのだと思うのですが、それがまったく伝わってこないですね。

池田：政権の人気取り、グリーン政策を進めて「世界のためにいいことをしています、僕たちいい人です」というのを世界にアピールすることを優先するのではなくて、我が国がちゃんと豊かになって、経済的にみんなが幸せになっていくことこそが目標であって、そこをうまく、本音と建前を包み込んで実現していくのが政治家の胆力でしょう。だけどもう、上っ面《うわつら》だけで話している気がするんですよね。

加藤：特に今、**自動車産業は、世界で勝ってる数少ない日本の産業**ですからね。

岡崎：そうです。だからそれを必死で維持していかなければいけないんですけど、そのための理論武装を一切することなく、単に首脳会談や国際会議の場で環境政策が遅れていると言われるのが「ちょっと嫌だな、肩身が狭いな」ということだけで「こんなん作ってみました」みたいな感じがあります。軽いんですよ。

加藤：必死で頑張っている自動車産業を疲弊させるようなことになったら悲しいですよ。

池田：世界の先陣を切っている自動車産業には、本当に頑張っていただきたい。

岡崎：「日本の自動車が頑張れば、日本国民全体が豊かになるんだ」というビジョンを、皆さんともっと共有したいですね。

中国の自動車産業の現在

加藤：中国での自動車産業は、これから発展・成長すると考えられていますが、今はどういう状況なのか、何が売れているのか、教えていただけますか？

池田：中国でずっと売れているのは、かなり前からVWなんですよ。VWはまだ中国がこんなマーケットになると思わない頃から、ノックダウン生産といって、ドイツで作らなくなった古い車の型を中国にあげて、それを元に作らせていたんですよね。「サンタナ」というクルマがあったんですけど、ご存知ですか？　これは80年代以降、中国ですごく普及してタクシーなどにもいっぱい使われたので、その縁からドイツと中国のつながりが始まっています。

岡崎：サンタナは日本でも、日産が生産、販売していた時代がありましたね。

池田：日本車に関しては、実は中国にきてくれということをしつこく頼まれていたんですが、当時（2000年代初頭）の経産省は結構偉くて、「技術が流出するから中国に行くな」と止めていたわけですよ。日本の自動車メーカーで、特にそういう先進技術を持っているクルマは中国にはあげない、ということを意識していたんですね。

加藤：なるほど。VWはぶっちぎりですね（図3）。

池田：シェアはそうですね。そういう過去のしがらみがあって、日本は中国に極端に肩入れをしないようにやってきているんですよ。とはいえ、ホンダ、トヨタ、日産は上位にあります。

図3　中国自動車販売 ブランド別（2020年）

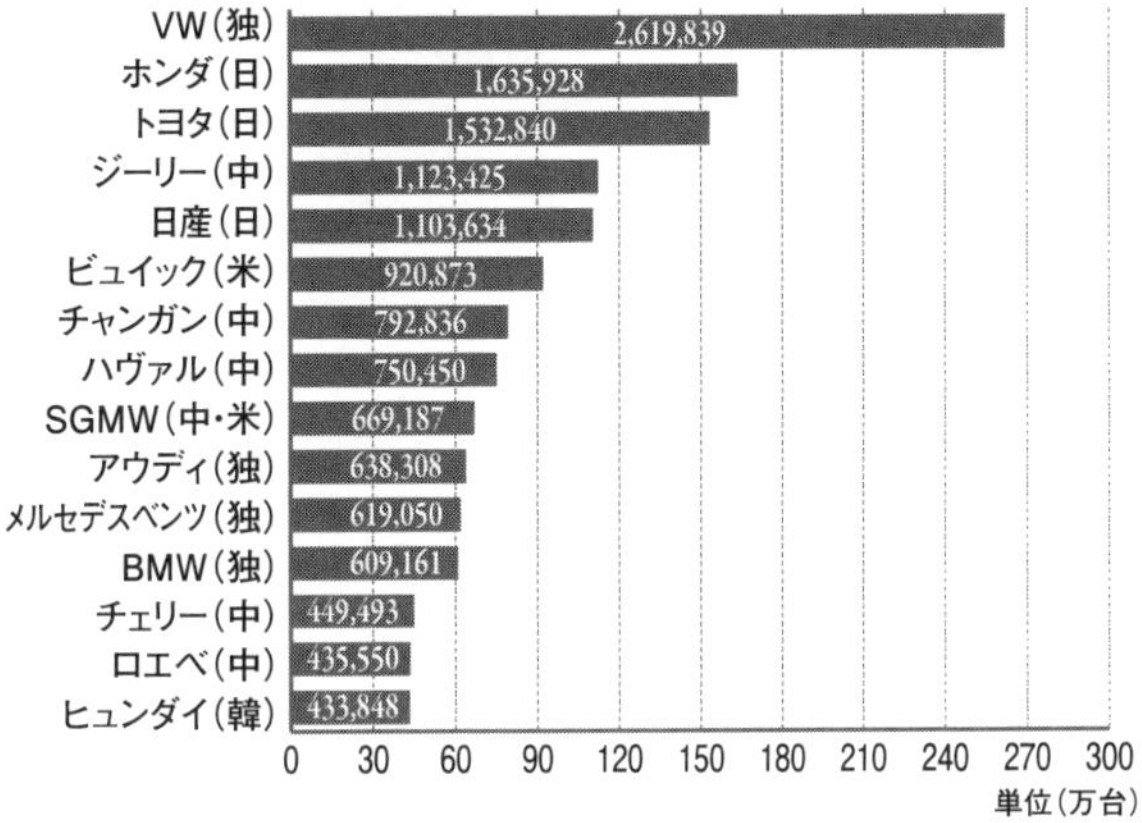

出典:16888.com

加藤：ベストテンには中国メーカーも４社入っていますね。４位がジーリーですか。

池田：この会社は、ボルボのオーナーです。

加藤：ボルボを買収したんですよね［※3］。

岡崎：そうです、ボルボのオーナー企業であり、かつダイムラーの筆頭株主でもあります。

加藤：じゃあ、ボルボに乗っている人は、実際は中国の会社の自動車に乗っているんだ。

岡崎：まぁそうなんですけど、ジーリー傘下になってからのボルボは、明らかに良くなりましたね。

加藤：えっ、そうなんですか!?

岡崎：やはりそこが中国の強いところで、お金は出すんだけれども口は出さない、ジャガー・ランドローバーが「タタ」というインドの企業に買収

※3　ＶＯＬＶＯ（ボルボ）と吉利（ジーリー）
ボルボはスウェーデンの自動車メーカー。２０１０年にボルボ・カーズ（ボルボの乗用車部門）は、中国浙江吉利控股集団（ジーリー）により買収された。

されたときもそうだったんですけど、中国はとてもいい〝パトロン〟になるんですよ。ボルボはその前は米フォード傘下だったんですが、その時代にはフォードが作った使いたくもないエンジンを使わされて、もっと売れとかもっとコストを安くしろとか散々言われていた。でもジーリー傘下になって「ようやく自分たちの思い通りのクルマを作れるようになったんだ」とエンジニアは言っています。その代わりボルボの技術はジーリーにスポッと抜かれていくわけですけどね（笑）。

図4　世界の自動車販売数 国別（2020年）

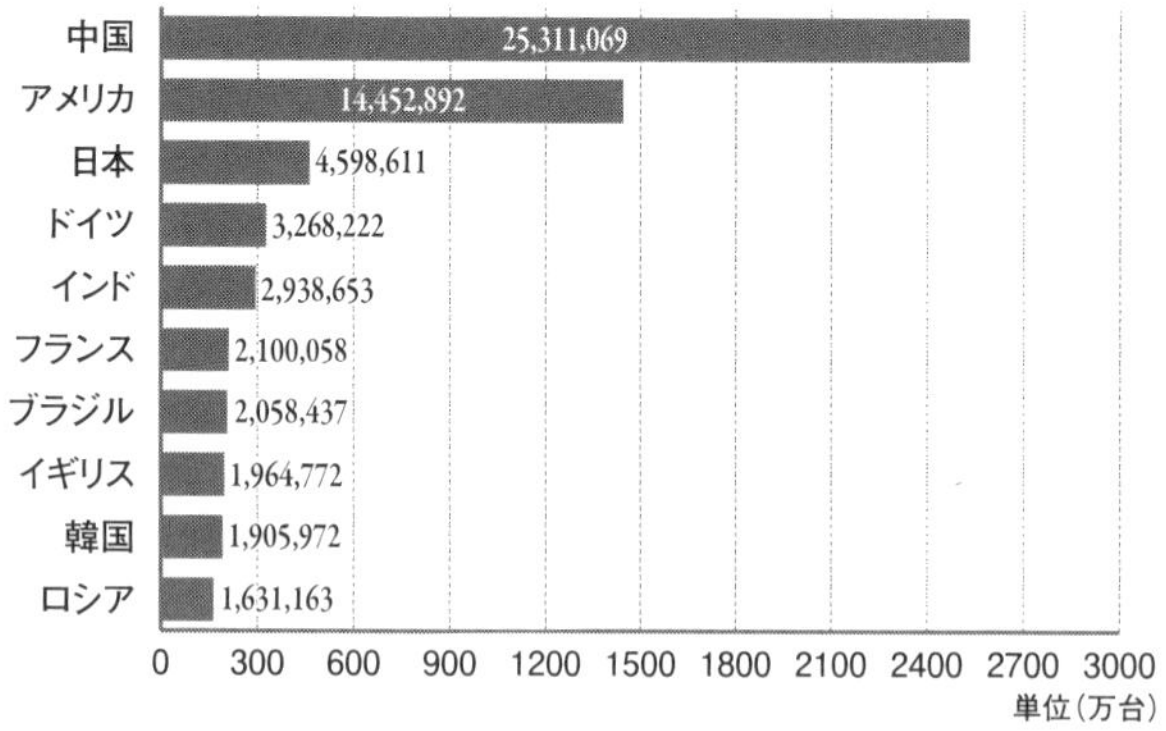

資料: GLOBAL NOTE　出典:OICA

加藤：いやぁ、笑えない話ですね（笑）。だいたい中国の市場規模はどのぐらいですか？

池田：中国は年間で２５００万台、ピークだと３０００万台ほど販売していましたね。国別でいえば世界一位です（図４）。

加藤：日本は４６０万台ですか。

池田：２番目がアメリカで１５００万台、日本が３番目で、４番目のドイツが３３０万台ぐらいですね。

岡崎：中国内の自動車販売数を見て思ったのは、まだ中国国産車の割合が低いというところですよ。例えば日本って90％が日本車なんですね。輸入車は10％です。そういう意味で中国は、まだ外国車が結構売れているんですけど、今後はおそらく国産メーカーが急速に力をつけてくるんだろうなという感じはしています。

加藤：私は逆にビックリしました。知らない名前の中国メーカーが、トップ10に4社も入っているじゃないですか？

岡崎：そうですね、一昔前まではリバース・エンジニアリングというと聞こえはいいですけど、つまりパクリをやっていたんですよね、彼らは。技術もそうですが、形までそっくりというクルマを、堂々とモーターショーに展示しているみたいなことをやっていて、「中国ってそうだからね～」と陰では言われていたんですが、最近はデザインなんかもヨーロッパから一流のデザイナーを引き抜いてきて、思い通りのものを作らせて、全体のクオリティも上がってきているんですね。

中国高級車 第一汽車「紅旗 H9」

加藤：「紅旗（ホンチー）」というクルマがありましたね。

池田：毛沢東時代の50～60年代から中国のVIP用のクルマとしてずっと作られてきたクルマなんですけど、最近はそれが割と商品性を増してきて、先進国の高級車と近いデザインになってきたりしているんですよね。

加藤：乗り心地はどうなんですか？

岡崎：残念ながら中国車って僕らは乗ったことがないので、果たしてどのくらいの実力があるのかというのを言えないというのが、もどかしいところなんですね。というのも、たとえ中国に行っても、外国人じゃ運転してはいけないことになっているので。

加藤：レンタカーのマーケットはないのでしょうか？

池田：国際免許の枠組で、ジュネーブ条約とウィーン条約というのがあって、それらに加盟している国の国際免許は相互に乗れるんですけど、中国は日本が加盟しているジュネーブ条約に入っていないんですよ。なので中国の人たちも、本当は日本に来たときに運転出来ないはずなんです。

加藤：そうですか？　結構多くの観光客がレンタカーを借りてると思いますよ。

池田：まぁ、必ずしも公明正大な方法でなく免許を取っているんじゃないですかね、おそらく。

加藤：なるほど（笑）。中国の免許では日本でレンタカーに乗れないんだ。

池田：乗れないですねぇ。中国は一時期、「技術をとにかく盗《と》ろう」「世界のメーカーから技術を強制的にでも自国に移転させよう」ということを熱心にやっていました。でも、ある時点から「パクリだって言われるよりは、どうせ資本の半分は自分たちのものなんだから、外国メーカーが大いに中国で生産してくれればそれでいいじゃないか」ということになって、現在に至ります。

加藤：この数字を見たら、ドイツはＶＷだけは凄いけど、トヨタや日産はもとより、ホンダが凄い人気ですね。私は中国ではドイツ車が圧倒的に強いイメージがあったので、日本車がこんなに売れているのは驚きです。

岡崎：良品廉価という日本車の価値観が普遍的だということでしょうね。特に長く使ったときの信頼と耐久性は圧倒的です。ただし中国や韓国のメーカーもその領域は少しずつキャッチアップしてきているので油断は禁物ですが。

池田：現実の話、中国は世界最大の自動車マーケットですから、そのマーケットを無視しては自由競争に勝てませんよね。ただ一方で今、香港やウイグルに対する問題で中国は先進諸国からものすごい経済制裁を受けています。アメリカが日本に対して「お前ら制裁破りをするつもりか!?」と言ってくるリスクも考慮しなくてはなりません。G7メンバーとしての責任もあります。だから**巨大マーケットでありながら、最悪の場合の縮小や撤退を織り込んで戦略を立てておかなくてはならないという難しい舵取り**を、中国ではしなくてはならないわけです。多分、全力でいっていいなら、もっとシェアを取れるでしょう。しかしＶＷの動向を見ていると、あれで中国撤退の圧力が政治的にかかったら死活問題です。行きすぎないことも重要だなと思います。なにしろＶＷは、利益の40％を中国で上げているわけですから。

台頭する中国の新進EVメーカーの実態
――NIO、SGMW、BYD

加藤：次に、中国で話題になっている新進のEV自動車メーカー3社、NIO（ニオ）、BYD（ビーワイディー）、SGMW（上汽通用五菱汽車）については、注目株のようですので、チェックしておきたいですね。

2020年の中国のEVの販売数を車種別で見ますと、1位がテスラの「モデル3」（約14万台）、次いで、SGMWの「ホンガンMINI EV」（約12万台）、最低スペックが45万円で話題の二人乗りの小型EVですね。次に3位が、バオジュン（宝駿）の「Eシリーズ」（約5万台）、その他、BYDやNIOなどの中国メーカーが続いています。

岡崎：「ホンガンMINI EV」と「バオジュンEシリーズ」というのは、米GMと中国の上海汽車、五菱の合弁会社であるSGMW（上汽通用五菱汽車）が出した低価格モデルのブランドです。どちらも小型EVです。

加藤：GMが参入しているんですね、なるほど。中国ではミニEVが続々と発売されていて、クルマを初めて買うような若者にも人気があるようですね。日本ではあまり知られていないメーカーも多いようで、もうほとんど雨後《うご》の筍《たけのこ》状態かもしれませんが、そのへんはいかがですか。

「ホンガン MINI EV」（左）と「バオジュン E300」

池田：基本的に中国という国は、「これが売れる！」となるとみんながそこに寄ってたかって同じものを作るんですよ。で、みんなで食い合って足の引っ張り合いをして潰れていくというパターンが多いんですね。ＥＶについては今がまさにそういうタイミングにあって、そこを中国政府が選り抜きで誰を生き残らせるかという政策をとっています。実際、ＮＩＯもテスラより株価の成長率が素晴らしいと言いますけど、一昨年ぐらいには潰れかけていた倒産寸前の会社だったんです。それを２０２０年の4月に、国有企業から１０６０億円の補助金が突っ込まれて復活して……。

加藤：１０６０億円の補助金？

池田：はい。

加藤：凄いね。

池田：たまに、「ＮＩＯはテスラを追い抜く勢いを見せ、中国は今、大変な勢いで成長している」とアピールする評論家もいます。でもそれは、一昨年まで潰れかけていた会社が、国からお金がたんまり入って復活して伸びている状態なんですけど……という背景をちゃんと理解したうえで言っていますか？　ちょっと中国贔屓《びいき》すぎませんか？

か？　という話でもあるわけですよね。

加藤：中国の自動車販売の影には、**中国共産党からの惜しみない支援**があると。

池田：でも、どう言ったらいいんでしょう。良くも悪くも一党独裁政治のなかで起きている現象なので、他国で起きている現象と同一視は出来ないんですよ。都市部ではEVは即時ナンバーが交付されるけど、エンジン車は2年待ちという政策をとったり、そこまでやってようやくこのシェアです。中国のEV販売をどう評価するかは、難しいところです。そして一方ではメーカーと中国共産党との親密度は、党の都合で簡単に変化します。

岡崎：ただね、このところの国を挙げてと思われるテスラ叩きを見ると、中国でのテスラ人気がいつまで続くかはわかりませんが、クルマを一度も所有したことがない人がまだ多い、つまり現在進行中のモータリゼーションを追い風に、**低価格の超小型EVというジャンルを他国に先駆けて中国が確立しつつある**のは間違いないですね。

衝撃の45万円EV

加藤：その「ホンガンMINI EV」、このクルマの最低価格が45万円というのはちょっと破格すぎませんか。これが日本の軽自動車のマーケットに入ってきたら恐いですよね。

池田：この話をするにはちょっと長い話が必要なんですけど。僕はこの値段は政府からの補助金によって下駄をすごく履いているんだろうと思うわけですよ。だから45万円とつけているけど、「なんなら4万円でもいいんじゃないの」と思うわけです。要するに原価と売値の関係がメチャクチャなわけですよ。例えば、ファーウェイの5Gの通信機器については、結局世界のマーケットから追い出されたわけじゃないですか。あのときに実際は何があったかというと……。

岡崎：8兆円投入のスクープ記事ですね？

池田：そうです。ファーウェイには、8兆円もの中国政府の予算が注ぎ込まれていたという米国「ウォール・ストリート・ジャーナル」のスクープがありました。その結果、ファーウェイの5G関連機器が圧倒的に安くなったため、各国がこぞって導入してしまった、という話です。導入は安く出来るけど、入れてしまったら最後、中国はいつでも他国のインターネットを監視したり、回線を落とすことが出来るわけです。

これはね、本当に回線を落とすかどうかじゃなく「落とすことが出来る可能性がある」というだけでも、国家間の交渉が圧倒的に有利になるんですね。そのことに西側諸国は気付いて非常に恐れたので、契約解除に至ったわけです。イギリスなんかは安いからといって飛びついて、ファーウェイのシステムでかなりの部分を構築しかかっていたんですけど、急遽やめて、世界の〝ファーウェイNG〟陣営に加わったわけですよね。こういうことを考えた場合、「中国製造2025」の重点10項目というのは、基本的に全部同じやり方でくると考えられませんか。

加藤：間違いなくそうでしょうね。

池田：だからそう考えると、この45万円という価格を真に受けて「中国は凄い」「やっぱり日本はもう追いつけない」とかいう評論家などは、まったく能天気というか……中国さんに言わされていませんか、と思いますね。

岡崎：「中国製造2025」の理念はとても素晴らしいと思うんですけど、問題はその理念を実現するために中国が裏でどういうことをしているのか。『超限戦』（中国人民解放軍高官が書いた戦略研究書／1999年）に書かれているように、白、黒、グレーを問わず、ありとあらゆる手段を使って勝利を目指すのが彼らのやり方ですから、そこに公正なマーケットでの競争という思想はない。ところが**日本の政治家は腰が引けて何も言えない**でいるし、**大手メディアは中国を賞賛**する始末ですから問題は根深いですね。

「中国製造2025」は明治日本を参考にしている

加藤：「中国製造2025」は、殖産興業政策をとった明治日本の理念と重なります。まさに**製造大国を超えた〝製造強国〟**を作っていくことが、国家の繁栄を築いていき、国家国民のために国を富ませるのだと、そういう明治日本の気概です。でも今の日本は、その精神がごっそり抜け落ちています。「世界を救う」とか「地球環境にいいことをする」といった耳ざわりのいいことは抵抗なく言えても、「**自分たちの国のために尽くす**」、「**国益のために尽くす**」と主張すると、どうしてもナショナリスティック、エゴイスティックに捉えられてしまう。そういうムードのなかで、政治家がグローバリズムに走り、国の産業、製造業を強くすることに本気で取り組んでいないと思います。

岡崎：その通りですね。

加藤：でも中国は目的のためには手段を選ばない。いや、中国だけじゃなく、国際会議で紳士《しんし》面《づら》している国の代表は、みんな自国の利益しか考えていない。なのに、日本だけが「世界のため」「人類のため」といいながら、自国の国民の人権や国益である産業を犠牲にすることを厭《いと》わない。

池田：世間知らずというか、競争に弱いというか……。大義名分を掲げられると、「それは嘘だ」と言って対抗することが出来ない。

加藤：「日本の産業は世界のために貢献しろ」という主張は、本当に国民のためなのか、と常々疑問に思っています。倫理観のないことをするべきではないと思いますが、ある程度、国としての目的、目標を明確にしてガッガツやらないと勝てないと思いますよ。中国だって韓国だって、国家が支援してガンガンやっているわけですから。

岡崎：やっています。ヨーロッパもアメリカも、もちろんやっています。そういう意味では、ファーウェイに中国共産党が８兆円つぎこみましたが、それを日本はルネサス（事実上国有化されている半導体企業）に出来るのか？……そういう話になってくる。だから〝ＥＶ〟でも〝グリーン〟でもやるのはいい、ただそれだけの覚悟を持って国がサポート出来るのか。問いたいのはそこなんです。

中国版テスラ「NIO」の正体

加藤：NIOの「ES6」というモデルは、テスラに対抗する中国のメーカーで売れ筋もいいみたいですけど、1台800万円もするようで……結構な金額ですね。

岡崎：そうですね。2021年に発表された最新モデルは「ET7」という最高級モデルで、第3章でもお話ししましたが、これ、カタログに書いてあるスペックがもし本当だとしたら、僕も欲しいと思うぐらいの凄いクルマなんですね。

加藤：それは気になりますねぇ（笑）。

岡崎：例えば、8メガピクセルのカメラが8個ついているとか、あとはライダー（LiDAR）という光センサー、すごく細かいものも判別出来る自動運転用のレーダーみたいなものがついていて、それを解析するコンピューターもやたら高性能で……。

池田：テスラより高性能。

岡崎：そう、全てがテスラより高性能がウリで、しかもこれ永久

NIO「ES6」

NIO のパワースワップステーション ©Alamy/ アフロ

保証なんですよ。

加藤：凄いですねぇ。

岡崎：しかもバッテリーは、２０２２年には全固体電池１５０ｋＷｈという超大容量のものを用意するというアナウンスまでしていて。さらに、ＮＩＯは上海の会社なんですけど、大都市のあちこちにバッテリーを交換するためのスワップステーションも用意しますよ、と。１７０カ所ぐらいあるところを、２０２１年内に５００カ所にすると豪語しています。それがもし実現するなら、池田さん、これゲームチェンジャーでしょう？

池田：いや、本当だったらね。

岡崎：そう、それに尽きるんですけど（笑）。

加藤：１回充電したら１０００㎞走るって。

池田：だからそんなことが、この価格で、しかも量産レベルで実現出来るって……この業界の人間だったら信じられないですよ。

加藤：でも、一度は乗ってみたいよね。

岡崎：乗ってみたい。

加藤：たっぷり充電、バッテリー交換も出来て、永久保証。

岡崎：ついでに、家庭用給電機も提供、永久バッテリー交換、永久無償ロードサービス付きですよ。

加藤：凄いねぇ。

岡崎：夢だけは見せてくれます（笑）。

池田：あのね……採算性を考えたら出来ないことばかりが書いてあるわけですよ。民営企業がタイムリミットを定めない永久補償なんて出来るわけないじゃないですか。例えば10回でも20回でも劣化したバッテリーを新品に交換してくれるわけないでしょう。どうやったって採算が合うわけがない。だからそこはもうあとで「都合が変わったから、打ち切り」と言う気満々なわけですよ。

岡崎：そうやって嘘を交えつつ赤字で売っても、それ以上に株価が上がる方が儲かるという判断なんですね、きっと。

池田：嘘をいうことに躊躇《ためら》いがないし、事情が変われば約束は守らない。それが当然という考え方なんですよね。本書をお読みの皆さんは騙されないでいただきたいです。

バッテリー交換ステーションの実現は可能か？

加藤：ガソリンを入れるとき、スタンドのお兄さんたちと話をするんですが、みんな将来に対する不安を語るわけですよ。一生懸命、身を粉《こ》にして働いているのに、やれ脱炭素だ、ガソリン車廃止だとか言われる。毎日汗をかいて働いている自分の仕事がまったく社会で認められず、未来に希望が持てなくなっていくのが悲しいし、寂しい、というわけですよ。バッテリースワップステーションがもし出来るのであれば、例えばガソリンスタンドで出来ないのか？　充電器を街中にたくさん作るよりも、日本の場合はそれでいいじゃないか、と思うほどですよ。

岡崎：そういったバッテリー交換に関するアイディアというのは、これまでみんなで考えてきて、みんなで検討して、みんなが諦めてきました。あのテスラですら諦めてきたのを、なんでＮＩＯが出来ているんだろう、というのが、僕ら専門家からみたらすごく疑問なところなんですね。まず、バッテリーを交換するためには高価なバッテリーを車両台数以上作らなければならず、ただでさえ大きな問題になっているバッテリーにまつわるコストが上がります。次に、完璧な防水、防塵対策をしなければトラブルの原因になりますが、そのための技術的ハードルは想像以上に高い。

池田：日本でも同じような事業が立ち上がって倒産しているんですよ。いくつかの試験運用ステーションを作って、やっぱりうまく立ちいかなくて……。

加藤：うーん……でもやっぱり、自動車メーカーと組まなきゃ駄目でしょう。自動車メーカーがバッテリー交換ステーションを作らないとうまくいかないでしょうね。でもバッテリーの形は共通じゃないでしょう。どうするんでしょうかね？

池田：そこは、超重要なご指摘でして。バッテリーを共通化して、この規格以外のバッテリーは使っちゃいけませんよ……ってやったとたん、そこでEVの進歩は止まってしまうんですよ。なぜなら、バッテリーこそが従来のクルマでいうエンジンなので、EVの性能はほとんどバッテリーで決まるんですよ。

加藤：これまでの内燃機関が電池になるということですものね。

池田：だからそこで規格化してしまったら最後、もうそこでEVの発展は全部終わり。

岡崎：でも逆に言うと、外形寸法さえ同じであれば、性能の低い古いバッテリーを最新のバッテリーに変えれば、クルマがアップデートされるということにもなるのかな？

池田：いや、バッテリーと本体のコンピュータの間では、綿密な情報通信をしているのでそれは結構難しいんですよね。つまり将来の拡張、何世代分かを見込んで、クルマの側にその情報通信の上限値などの情報をあらかじめ仕込んでおかないといけないんですよ。

岡崎：先を見越してロードマップを作り、さらにバッテリーの進化も見通して、その国の、そのメーカーの標準のサイズのバッテリーを使っていく。それがNIOの戦略、挑戦ということですね。

池田：まぁ、すでに完成している技術を小出しにしてアップデートを織り込む形なら、やろうと思えば出来るとも思いますが……。また一方でバッテリー交換というのは、車体の下からアクセスして簡単に外せなきゃいけないので、これではバッテリーの保護が出来ないわけです。

衝撃による発火リスクも高まってしまう。

加藤：日本だったら自工会が中心になって、ＥＶバッテリーの標準規格を作って交換ステーションを充実させていけば、充電ステーションよりも満充電が早く済むし、現実的じゃないかなと思いますが、そこはどうなんですかね？

池田：思うほどハードルは低くないですよ。ちなみバッテリーの重量って何kgぐらいだと思います？

加藤：どのぐらいでしょうか？

池田：軽くて２００kg、だいたい３００kg以上だと思ってください。これを着脱するってかなり大変な作業です。

加藤：なるほど、人力では無理ということですね。ＮＩＯはどうやってバッテリー交換ステーションを稼働させているんですか？

岡崎：自動です。クルマをセットすればあとはオートメーションで交換されます。でも、自動でやるにはものすごく正確な位置決めが必要なんですけど、彼らの動画を見る限りはちゃんと出来ているんですよね。だから、全てＮＩＯが言っている通りだったら本当に素晴らしいことなんです。実際、バッテリーの交換ステーションは稼働しているんですよね？

池田：中国ではね。

加藤：稼働しているのですか、それは凄い。

池田：ただ、何度も言っているように、ＮＩＯは大赤字で潰れそうだったところに中国共産党から支援が入ったという再生事業体ですから、採算的に合っているのかというと、まったく合っていないでしょう。確かバッテリー交換の事業はそれより前からやっていたので、潰れそうになった理由はそれじゃないか？……という説もあるくらいなんです。

加藤：ＮＩＯは日本に入ってくるでしょうか？

岡崎：どこかの代理店が輸入したとして、買う人いますかね？

加藤：安い中国ＥＶが輸入される可能性は……あるでしょう？

池田：日本は良くも悪くも監督官庁が、安全性やサービスについて、厳しくチェックするシステムです。それは良い面でも悪い面でもありますが、現実がそうであるところに、中国のメーカーがお上《かみ》のいう通りに全ての資料を開示しますかね？……と思うわけですよ。そのへんはまぁ政治的決着で、ダブルスタンダードにされてしまう可能性もあるんですけど。普通に考えて、日本の道路運送車両法に中国車を適合させるには、結構高いハードルがあると思います。

中国製ＥＶバスが日本で走る（ＢＹＤ）

加藤：あと、注目株はＢＹＤ（ビーワイディー）でしょうか。

岡崎：ＢＹＤは元々バッテリーメーカーなんですよね。バッテリーメーカーがクルマも作り始めたという流れです。

加藤：そうすると、ＴＤＫや村田製作所もクルマを作ることが出来るということ。

池田：そんなこと、日本の場合はしないでしょうけどね。

岡崎：ソニーがクルマを作ったのも（SONY「VISION-S CONCEPT」という試作ＥＶ）、車載用デバイスを販売するためのいわば「走るカタログ」としてであって、自らクルマを作って販売するつもりはないと思いますよ。

加藤：日本にはＢＹＤのＥＶバスがさっそく入ってきていますね、京都などで走っています。

BYD製のＥＶバス／京都市「プリンセスライン」

岡崎：ＥＶバスって、主にこれは観光バスではなくて、路線バスで使われているんですね。ＥＶの用途としては結構これ、理に適っているんです。街中でそんなに長くない距離を、しかも決められたルートを走るだけという。ですから僕は、電気バスは排気ガスが臭くもないし、まぁいいかなと。ただ、残念ながら日本のバスメーカーがまだ商品をほとんど出していないんですよ。あるにはあるけど価格が高い。なので、ＢＹＤに決まってしまう事情もあります。ＢＹＤは大型ＥＶバスで３０００万円台後半。もう少し小さいコミュニティバスなら２０００万円程度で購入出来ます。対して日本メーカーに大型ＥＶバスはまだなく、コミュニティバスでも6000万円ほどしてしまうのが現状です。

池田：普通の国産ディーゼルエンジンの大型バスは2000万円ぐらいですから、プラス1000~2000万円積むとBYDのEVバスが買えるというのが現状です。まぁそれでも値段は高いんですが、地方自治体の首長の人たちは「我が町は環境に配慮した街です。だからEVバスを入れました」というとやっぱり聞こえがいいのかと。国からの後押しもある。ただ、航続距離は300kmぐらいしかないというのがネックです。

加藤：市内だけ走るのだったらいいけれど？

池田：それとそれだけの重量のクルマを動かすのでバッテリーの容量も大きくなり、充電時間もかなりかかるんですよ。だから距離の短い定期路線のバスだったら使えなくはないんですけど、それに全部置き換えられるかというと、まだそういうものにはなっていませんね。

中国と日本の自動車産業のこれから

加藤：中国の自動車業界のまとめとして、中国では思いのほか日本メーカーが健闘していますね。VWは別としても、やはり日本のハイブリッドを含むファミリーカーが圧倒的な影響力を持っているのが現状で、EVはこれから、というところでしょう。でもそのなかで、例えばNIOのような現地メーカーが育ってきているというのも確かで、イノベーティブなアイディアを持つＥＶが誕生していることは間違いないですね。

岡崎：そうですね。僕も乗っていないし、本当か嘘かわからないところは正直多々あるんですけど。あれが本当だったら凄いよ、というものは出てくるようになったので、一時のパクリというのとはちょっと違うステージに入ってきていますよね。

池田：〝大風呂敷ステージ〟かもしれないけど。

岡崎：そうそう（笑）。

加藤：ＥＶ化になると、エンジンとトランスミッションがバッテリーやモーターになるわけですよね。今までは、エンジンの善し悪しでクルマを選んでいたのが、知らない間に、よくわからない中国製のバッテリーに代わっていく構図は恐ろしいことです。**ＥＶ化で日本の自動車産業は確実に弱体化します。電池産業を日本の国内で育成していかないと将来的にまずいんじゃないかと危惧しています。**

池田：やはり「中国製造２０２５」は、我々から見ると非常にアンフェアとしか言いようがない戦いを挑んできている、ということですよね。そのアンフェアな戦いをただ「あんなのずるい」と言うだけでは、もはや済まされなくて、これからは、それといかに戦っていくのか、ということを真正面から政府が考えなきゃいけないと思いますね。そのなかで、ましてや電池の生産のことが抜け落ちたままＥＶ化とか言っているのは「いったい何なんだ！」と憤りを覚えているわけです。

政治家としては言いにくいことかもしれませんが、**「敵は誰だ？」「誰と戦ってどう勝つんだ？」**という方法論をちゃんと組み立てないと、何に対しても勝てませんよね。

加藤：「朝鮮日報」などの韓国の新聞を読んでいてもわかりますが、韓国は、半導体と電池を国策として育てるという明確な戦略がありますよ。韓国メーカーは「内燃機関では勝てなくても、ＥＶなら日本車に勝てる」と本気で狙ってきています。

池田：だから、日本の政治は中国にも韓国にも劣っていると言われるわけですよ。そうとしか言えないじゃないですか。だから勝てない。明確な戦略も出さないで、ただ欧米社会の言う通りに、「カーボンニュートラル」とか「カーボンプライシング」とか、真似して言っているだけですから。頭を使っている部分がゼロじゃないですか。政治が三流すぎます。

岡崎：その政治に引きずられて、日本の産業が三流になってしまわなければいいのですが。

加藤：日本の政治も、国民の意見で変わることを願っていますし、やはりこれからも日本の自動車産業は世界ナンバーワンでいてほしいので、これからも全力で応援していきたいと思っています。

第5章

テスラの何が凄くて何が駄目なのか？
EVと自動運転の真実

EV推進の嘘
#5
EV化：中国・韓国に依存しすぎ問題

未来ネット／旧林原チャンネル
配信日2021年3月26日（収録日2月17日）
より

ＥＶ推進におけるテスラの功績

加藤：世界のＥＶマーケットを誰が牽引してきたかというと、やはりアメリカのテスラ社と言えるでしょう。第2章でもお話しした通り、「テスラ」はＣＥＯのイーロン・マスク氏が世界一の大金持ちになったり、宇宙にロケットを飛ばしたり、カリスマ経営者として異彩を放っています。ところで、実際にお二人はテスラに乗られたことはありますか？

池田・岡崎：もちろんありますよ（笑）。

岡崎：僕はね、テスラは〝ラブ＆ヘイト〟（愛と憎しみ＝可愛さ余って憎さ百倍）なんですね。すごく素晴らしい部分もたくさんある。でも、すごく駄目な部分もたくさんある、というメーカーだと思っていて。全面的に支持はしないし、全面的に駄目だとも言わない。けれど、ただ一つ言えるのは、やはりとてもカッコいい、性能も高い……。

加藤：スタイリッシュですよね。

岡崎：しかも、ＥＶ以外は作っていないという、とてもわかりやすい商品ラインナップです。イーロン・マスクはこれまで歯を食いしばって、倒産しそうになりながらも、何とか頑張って頑張ってここまで持ってきた。凄いことだと思いますね。

池田：「ＥＶが次の時代のクルマだ」という印象を作りあげてきたことについては、テスラの功績はすごく大きいと思っています。日本のメーカーが最初にＥＶに手をつけたときには、もっとしょぼくて、加速の性能も低かった。とにかく電費をケチった乗り物で、「こんな貧乏くさいものに商品の魅力ないよね」と言われていた時代がありました。

加藤：ゴルフカートみたいなクルマのことですね。

池田：でもテスラは、とにかく大容量のバッテリーをドカンと積み込んで、１０００万円以上の高い値段で内装も高級に仕立てて、驚くべき加速をしてみせた。人々に「アレ欲しい！」と思わせたんですよね。

岡崎：最初のクルマが「ロードスター」というスポーツカーで、２００８年の発売でしたね。英ロータスからシャシーの技術供与を受け、そこにバッテリーとモーターを組み込むという、

Tesla Roadster

成り立ちとしては改造車の域を脱しないモデルでした。乗ってみても驚くような性能があったわけではありませんでしたが、「ノートパソコン用のバッテリーを大量に積んでスポーティーに走るＥＶに仕立てる」というコンセプトはたしかに新鮮ではありました。

池田：そういう意味では、このＥＶ時代を切り拓いた功績は、まさにイーロン・マスクが考えた「ＥＶはゼロ・エミッションなんだから、速くて、長距離が走れて、高性能なことが大事」であると。未来のプロダクツ、夢のある製品を人々に見せる作戦が大正解だった。しかし今、そのままでいいのかという次のフェーズに入っているのに、**まだ**

その前の成功体験から離れられないでいるのではないか、というのが、僕の今のテスラの評価ですね。

加藤：おそらくポルシェを買いたいような層に、テスラはハマるんだろうと思いますね。

岡崎：ですね。それも、ポルシェの真の魅力に惚れ込んで買う人たちではなく、速いとかカッコいいとか、そういう表面的なイメージでポルシェを買っている人たち限定ですけど。

加藤：ポルシェをちょっと乗ってみたいなと思う人が、同じように一見カッコよくて、今話題のテスラを「750万円くらいなら買ってみようか」という発想になるんじゃないでしょうか。

ユーチューバーおのださんのテスラ実車レポート

おのださんのYouTubeチャンネルより

加藤：実際にテスラを購入された方に話を聞いてみたいと思ってユーチューブを検索していたら、「おのださん［※1］」というユーチューバーの方がいらっしゃいました。まさについ最近、テスラの「モデル3」を購入し、非常に面白い体験記を数々アップロードしていたので、ご紹介させていただきます。

岡崎：「テスラの株で儲けてテスラを買った」というのがいいですね（笑）。

加藤：彼のテスラ体験記から一部概要を抜粋しますと……

【おのださん体験記①】
・テスラ株を１００万円分買ったら、１年弱でほぼ10倍になった。
・その利益でテスラの「モデル３」を７５０万円で購入した。

岡崎：１００万円で買ったのが10倍になったら確かに1台買えますね。

池田：実際にそういう人がいるのが驚きですねぇ。

岡崎：株の話を少しすると、普通の時代だったら、テスラ株がそれだけ買われたら、他の自動車メーカーの株が下がらなきゃおかしいんですけど下がっていないですよね。ほぼみんな上がっています。そこがやっぱり今回の新型コロナでのカネ余り、ＥＶバブルみたいなところを一つ示していますよね。

※1　「おのだ／Ｏｎｏｄａ」さん
ユーチューバーとして生活する。チャンネル登録者は30万人を超える人気者。動画は旅行・飛行機・ホテル情報が話題の中心だが、テスラ株の利益で〈テスラ「モデル３」〉を購入し実車しているレポが面白い。妻と0歳の愛娘も画面に登場する。
チャンネルＵＲＬ：https://www.youtube.com/c/onodamasashi

加藤：別の動画では充電の話が出てきます。テスラを買って最初に困ったことは、まず充電だったようです。

【おのださん体験記②】
・テスラ・スーパーチャージャー（テスラ専用の充電スタンド）にやって来たおのださん。
・プラグを接続するも「異常が見つかりました」のエラーで充電が出来ない大ピンチ。
・クルマのソフトウェアのアップデートはしてみたが解決せず。

加藤：この日は結局、充電出来なかったようなんですよ。

充電ステーションが足りない問題

岡崎：日本の主要な急速充電器は「CHAdeMO（チャデモ）［※2］」という日本を中心とした急速充電の規格なんですけど、テスラの規格とは違うので、差し込み口のプラグの形が違うんですよね。なので、変換アダプタを付けて充電することになるんですけど、どうやら認識しなかったようですね。ＥＶの充電は充電器側と車両側で常に通信をしながら充電するので、そのあたりがうまくいかなかったのかな。

池田：まぁ異文化コミュニケーションですからね。そこは必ずしもジョークではなく、これから充電器と車両の相性問題ってのは徐々に増えていくだろうな、とは思っています。

加藤：おのださんは、空港とかイオンとかイケアとか充電器があるところに色々行きながら、充電場所を探してさまようわけですよ。これが緊急時だったら大変でしょう？　ＥＶにとっては充電ステーションがやっぱりネックの一つですね。

池田：テスラ以外でも微妙な充電トラブルは起こっています。満充電まで入らないとか、充電15分ぐらいで勝手にシャットダウンしちゃうとか、充電器と車両側の相性問題は頻繁に発生しているんですよね。そういうのを見ていると、とにかく充電器までたどり着きさえすれば問題解決、というわけではどうもなさそうです。

加藤：おのださんも悪戦苦闘しながら問題を解決していきます。

※2　CHAdeMO（チャデモ）
ＥＶの急速充電方式の規格の一つ。２０１０年より日本が主導して規格化を進め世界基準としている。「Charge de Move」の略。ちなみにテスラは自前でハイパワーな充電設備「スーパーチャージャー」を設置している（チャデモ用の互換アダプタあり）。

【おのださん体験記③】
・どうしても充電出来ないのでテスラのスタッフに相談したところ、変換アダプタのソフトウェアのアップデートが必要だったらしく、最新にしたところうまくいった。
・無事、街中の充電器「CHAdeMO（チャデモ）」で充電できるようになった。

テスラ自動運転の嘘

加藤：充電問題を解決したおのださんは、次に高速道路で自動運転機能を試しています。これはなかなかいいなと思いましたね。ハンドルを少し回すだけで、自動で車線変更するとかね。

岡崎：康子さんがいま乗っているスバルのレヴォーグでも、ほぼ同じことが出来るはずですよ。

加藤：そう、スバルの「アイサイトX」（詳細後述）も優秀なので（笑）。

岡崎：今、テスラは確かに本国アメリカで、一部の人に向けて最新のバージョンにソフトをアップデートすると、街中でもハンドル、アクセル、ブレーキを自分で操作しなくても、ナビをセットしておけば自

SUBARU「レヴォーグ」 © 森田直樹／アフロ

図1　自動運転レベル

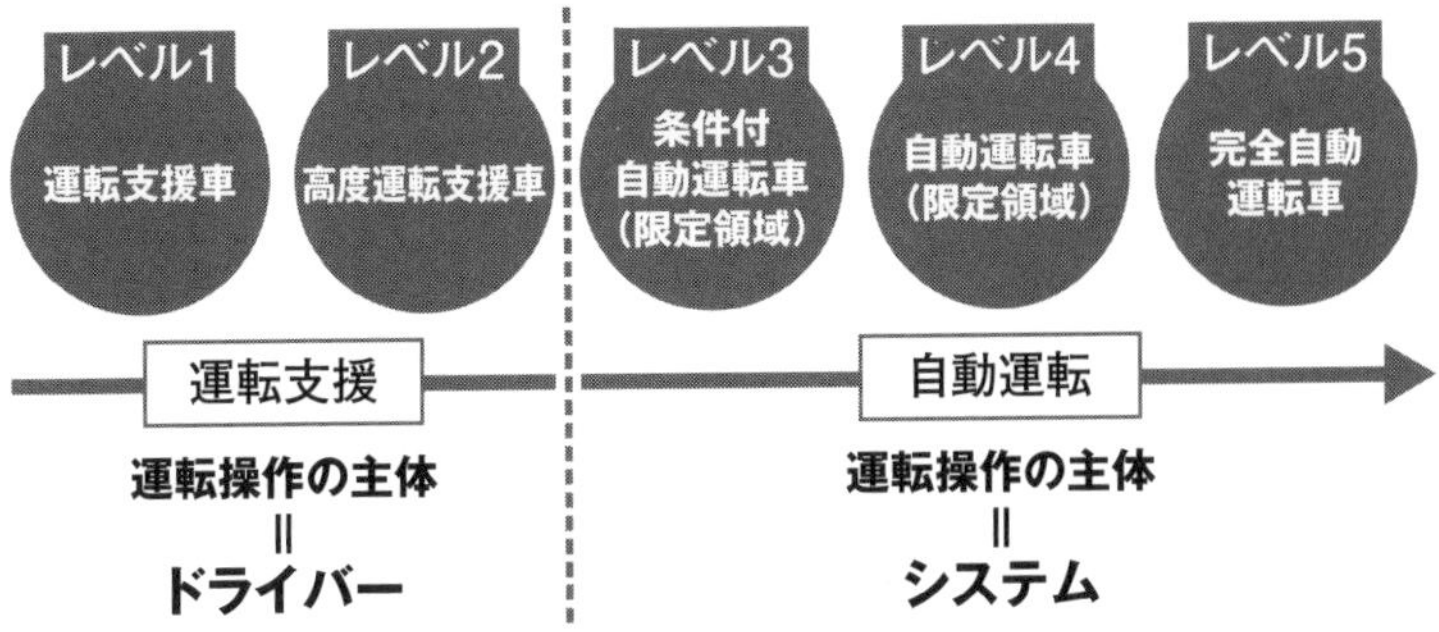

動で運転してくれる……というサービスを提供し始めています。ただ、これがテスラの言う「完全自動運転」かというと決してそうではなくて、**あくまでも「運転支援」**なんですよ。なぜかと言うと、ドライバーは常に周囲の状況に目を配らないといけなくて、危ないと思ったら自分でハンドルを切らなきゃいけないし、ブレーキも踏まなきゃいけないと定義されているから。本当の自動運転、いわゆる「レベル４」以上の自動運転というのは、ドライバーは何もしなくてもいいんですよね（図1参照）。

池田：なんなら、酒飲んで寝ちゃっていてもいい……ということになってこそ自動運転なわけですよ。

加藤：アメリカのロサンゼルスで、テスラの自動運転で１４０キロ出しながら昼寝をしていた人が、事故を起こしてクルマを大破させたという事件がニュースになっていましたよね。

岡崎：「昼寝をしたらいけないのに昼寝をしたから、事故の責任はドライバー」というやつですね。普通、運転中に昼寝をするかって話ですけど。

加藤：さすがにアメリカ人はやることがダイナミックというか大胆というか（笑）。

池田：難しいのは、テスラ側はあくまで「自動運転」と言うんですよ。英語では「オートパイロット」と言うんですけど。でもそれはただの登録商標で、現実には我々が思っているような自動運転じゃなくて。つまり法的な定義の自動運転じゃないんですよね。

スバルの運転支援「アイサイトX」と比較する

加藤：例えば先ほど話に出たスバルの運転支援システム「アイサイトX［※3］」は、高速道路でもハンドルに軽く手を添えているだけ。50km／h以下の渋滞時には手放しも出来る。それを「ハンズオフアシスト」と言っているんですけど、「自動運転」という言い方はしない。あくまでも〝ドライバーズアシスト〟ですよ。

岡崎：そうです。僕が「テスラの好きな部分もあるけど、嫌いな部分もある」というのは、まさにそういう部分でして。本当は自動運転ではないのに自動運転と言って誤解を呼ぶ、誤解されても上等だ、という売り方をするじゃないですか。

池田：大風呂敷広げてね。

岡崎：テスラは強気で言うんですね。ちゃんとモニタリングして、危ないと思ったら人間がカバーしなきゃいけないのに、「それをあなたがやらなかったのだから、あなたが悪い」と。それでも「オートパイロット」だの「完全自動運転」だのと恥ずかしげもなく言う。そのあたりがユーザーを騙して売っている感があるんですよね。

池田：そういった行き違いが何度も起きて、何度も裁判になっているのに、まだホームページには「オートパイロット」と書かれているわけです。

岡崎：自動運転というと、テスラが圧倒的にリードしていると思っている人が多いですが、それは〝**テスラの嘘**〟に騙された人たちです。人が関与しない自動運転は、まだテスラでも実現出来ていない。自動車専用道路での渋滞時のみ、テレビを観たりスマホを操作したりしてもいいという「**自動運転レベル3**」を**実現したホンダ「レジェンド」**［※4］**が、現在のところ唯一の自動運転車**です。

ホンダ「レジェンド」画像提供：本田技研工業

※3　スバル「アイサイトX（エックス）」
衛星の目とクルマの目で全方位をカバーする新次元の先進安全技術。渋滞や車線変更、衝突回避など運転をサポートする。スバルの新型「レヴォーグ」ほか に搭載。

※4　ホンダ「レジェンド」
レベル3自動運転「Honda SENSING Elite」を搭載。2021年3月発売。

池田：完全自動運転は相当にハードルが高いと思っていますが、例えば高速道路を使って３００kmとか４００kmの距離をシステムのアシストを受けながら、今までより遙かに、楽に走破するというところまでは、もうかなり近づいています。あとはユーザーがそれで満足出来るのか、完全に運転から開放されたいと思うかどうかです。個人的には、最新世代の高度運転支援は十分に大きな進歩を遂げているので、当面はそれで移動がずっと楽になるんじゃないかと思っています。

ＥＶを絶賛する人たちは何を絶賛しているのか？

加藤：ところで、国会議員の先生方にもテスラを絶賛する方が結構いますが、彼らが絶賛しているのは、電気自動車ではなくて、自動運転の部分ではないかなと思います。車内のユーザー・インターフェースがタッチスクリーンであるとか、クルマというよりまるでゲームマシンに乗っているような感覚の新しさ、日本のメーカーにはないような斬新なデザインがテスラにはありますからね。そういった部分が、新しい物好きの人たちには未来志向に見えるんじゃないでしょうか。

岡崎：まぁ確かに、見えますよね。

加藤：それはＥＶ化の話ではなくて、むしろエレクトロニクス化、自動運転のことをいっている気がします。

池田：例えば、スマホを持ってそばに近づくとドアロックがポンと開くとか、乗ったら自動でシステムが起動して、アクセルを踏むと勝手にサイドブレーキが降りて……みたいなことですね。とにかく全部が自動で動いていく電子仕掛けみたいな装置に興味がある人は多いでしょう。でもね、それって、ガソリン車でもやろうと思えば簡単に出来る話なんですよ。やらないのは、リスクが高いからです。

加藤：まさにデジタルコックピットというやつですね。「レヴォーグ」だって負けていないと思いますよ。

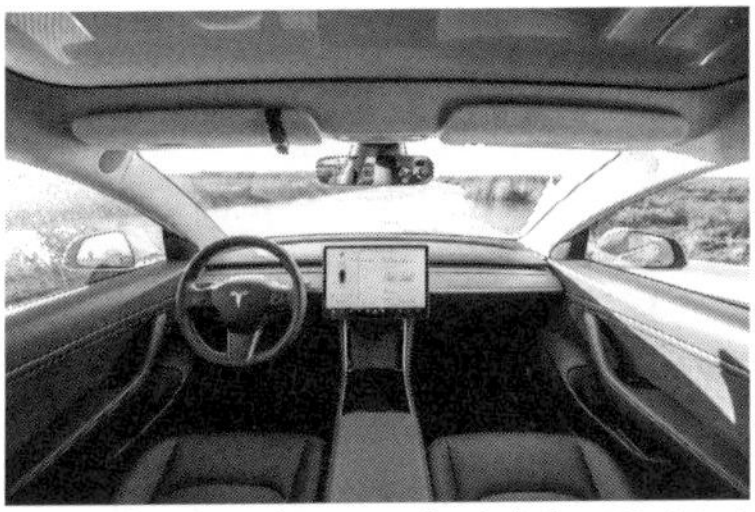
テスラ「モデル３」のシンプルな車内・15インチのタッチスクリーンが際立つ

岡崎：ただ、色んなボタンはまだ付いていますよね？

加藤：そう、付いてます。

岡崎：テスラの特徴の一つに、操作ボタンを極端に減らしているというのがあります。ハザードランプスイッチ、グローブボックスを開けるスイッチ、その2つしかボタンはないんですね。あとは全部タッチスクリーンの画面の中にある。例えばサンルーフのシェードの開け閉め、エアコンとかデフロスターとか、それらも全てタッチスクリーンに入っています。

加藤：それは凄いね。

岡崎：これがテスラの〝未来的に見えるインテリア〟の秘密なんです。ただ、そのタッチスクリーンが壊れたら厄介です。「室内が曇り始めて前が見えないけど、全然デフロスターがつかない！」とか、事故に直結するような危険を誘発しかねません。だけど、そんな状態になることを彼らは想定していない。ナビゲーションが故障しても走るのに支障はないけど、デフロスターだとそうはいきません。先日の大量リコール［※5］の問題はまさにそれで、過度にタッチスクリーンに頼った設計が原因です。

3年以内に260万円のテスラ車登場⁉

加藤：なるほど。でも今まで750万円していたテスラが、今後260万円で買えるモデルを発表したら［※6］、結構インパクトありますよね。

岡崎：2020年にテスラは悲願の50万台の販売（年間）を達成しました。これでおそらく〝一部の人が趣味で買うクルマ〟という段階は卒業して、もう〝成人式〟を迎えたとみるべきですね。

加藤：企業も成長するわけですね。

岡崎：成人になったらそれなりに責任を持たないといけないわけじゃないですか。それでもまだ彼らは同じスタンスを取り続けている。いい加減「若気の至り」が許される状況じゃないことを理解するべきでしょうね。

池田：先ほどの、おのださんは、トラブルも込みでテスラを楽しんでいました。こういう人たちが今のＥＶを楽しむ人なんだと思いますよ。でもこれからはそうじゃない一般の人たちにＥＶが渡り始めるんですよ。トラブルが出たら烈火のごとく怒って電話をかけてくる人たちが、これからのＥＶユーザーになるわけです。

岡崎：僕らはね、いわゆるクルマ好きじゃないですか？　80年代のイタリア車とかフランス車とかに乗ってね、これがよく壊れたりしてさぁ……。

池田：故障自慢（笑）。

岡崎：そう。でもそれがまた楽しいんだよね、という感じで……まぁオタクっていうか変態なんですけど（笑）。でもそういう人はごく一部ですよね。「壊れたらすぐディーラーに電話して文句を言う」のが普通のお客さんです。しかしテスラはそのディーラーすらない。重整備が出来る修理工場だって国内に数カ所しかありません。

加藤：なるほど。ＥＶはマニアのクルマから一般ユーザーのクルマに進化する段階ですね。

※5　テスラの大規模リコール
２０２１年2月2日、『モデルS』と『モデルX』13万５０００台がリコールを届け出。ファームウェアのバージョンアップに使う、メモリカードの容量不足が原因。

※6　テスラ、２６０万円のモデルを発売!?
２０２０年9月24日、マスク氏は3年以内に2万５０００ドル（約２６０万円）のＥＶを発売すると発表した。テスラ中国で開発中とのことだが、２０２１年8月の時点では詳細は不明。

岡崎：そうです。260万円になったら普通のお客さんが買い始めるので、今までの商売のやり方では成り立たない、と見るのが普通の考えですね。

池田：だから「修理にお金がかかる」といったときにも烈火のように怒るわけですよね。今までのお客さんたちはお金持ちだし、「修理代30万円です」と言われても「そう、しょうがないね」とすんなり払っていたけど、これからのお客は「お前のところのミスじゃないか、責任をとれ！」と始まるわけですよ。

岡崎：故障しても保証期間内だったら無料でやってくれると思いますけどね。ただ、保証期間が4年だったのを、半分にしたんですよ［※7］。

テスラの大きなタッチスクリーンに問題発生⁉

加藤：この前、ワイパーや曇り止めが効かなくなったとかいう話をニュースで読みました。

池田：さっき五朗さんもちょっと触れていましたが、まさに、タッチスクリーンの液晶が死んじゃうと、ワイパーも曇り止めも全部操作が出来なくなるということですね。この液晶画面に全てのスイッチが入っているわけですから。

加藤：でもそれって不便じゃないのかな？　ワイパーまでタッチパネルの中にあったら逆に操作が増えるように思います。

池田：雨滴を自動検知して動くのですが、作動速度の調整はタッチパネルでしか出来ません。だから日本のメーカーは、一生懸命、「物理スイッチ」を残しているわけです。あれって、すごくお金がかかるんですよ。スイッチを付けたらそこに配線を引っ張ってきて繋げなきゃならないので。部品が必要なだけじゃなくて、組み立ても大変なんですよね。

加藤：つまりテスラは大きなコンピューターマシンに乗っているようなものですね。「テスラが出来るんだったらアップルも」と考えるわけだ。

岡崎：今、世の中はこういう新しいことをやっているテスラの方が先進的で、日本のメーカーがやっていることは古いという風潮になっているわけです。でも、古いと言われる物理スイッチを残しているのにはちゃんとした理由がある。何があっても安全のためにはここは絶対作動を続けなきゃいけないんだ、と考えているわけですよね。

池田：高い理念があってやっていることなんだけど、それを一部のＥＶ好きからは古臭いと言われてしまうわけです。

加藤：〝安全・安心〟をとるか、〝新しさ〟をとるか……といったところでしょうか。**しかし〝安全〟でないクルマに、一般ユーザーは命を預けるのでしょうか？**

※７　テスラの保証期間が短縮
テスラは故障相次ぐタッチスクリーンの保証期間を、これまでは４年間だったのを半分の２年に短縮した（２０２０年７月）。車両やバッテリーの保証期間は４年間のまま。

そして世界は新しい電動化の潮流に向かっていくのか？
——メディアが煽るEVにまつわる嘘

加藤：ところでユーチューブ番組の視聴者から興味深い質問をいただいたのでご紹介します（インターネット番組 未来ネット「EV推進の嘘」#1～#11 絶賛配信中！）。

【質問①】
「池田さん、岡崎さん、豊田社長などが仰っていることは正しいとは思いますが、**世界が新しい秩序に向かって舵を切り始めている**ので、産業構造もそれに合わせて舵を切ることが求められているのではないでしょうか。乗り遅れてしまえば、新しい覇権が従来の大企業に代わって世界を仕切るのが世の常ですよね？」

【質問②】
「**世界的な電動化の潮流**を日本が口を挟んで変えることなんて出来ないのですから、日本は高性能なEVを作って追いつくしか道は残されていない。その遅れを取り戻せる時間もそんなに多くないのではないか？」

池田：「世界は新しい秩序に向かっている」と主張している人は、それを明確な論拠でいえるのでしょうか。今、世界中の自動車メーカーのなかで、内燃機関廃止みたいなことを発表するところが増えつつありますが、発表を注意深く見てみると「色々難しい点もある」とか、「状況がそういう方向へ進めば」とかのエクスキューズが必ず入っています。結局は**ＥＶに一本化出来そうならしますけど、他の選択肢を全部棄てるつもりはない**と言っているんですよね。だから本当の意味で、背水の陣でＥＶオンリーなのは、たぶんテスラと中国のＥＶメーカーだけでしょう（本件は本書の最後で「特別対談」を行い、詳細をお話しししています）。

ただし、各国政府は確かにそういうことを言っていて、だから今の日本の状態……「政府がＥＶをやれといって、自動車メーカーが必ずしもいうことを聞かずに全然違うことをやっている」という状態は、まさに世界と同じフェーズに入ったということなんです。今の状態こそがまさにスタンダードで、世界の標準に追いついたといえるでしょう。

岡崎：日本って本当に大手メディアがよくなくて、あたかも世界がＥＶしか認めないとか、ＥＶしかやらないというように報じる傾向があるんですね。一般の方がこういうふうに思ってしまうのも無理ないな、**まったくメディアが悪い**な……と改めて思います。例えば日本のメディア、主に新聞社ですが、「ＧＭが２０３５年にエンジン車をやめる」と報じるわけですよ。そんなわけないだろう、と思ってＧＭの英文のプレスリリースを見てみると、「コミットメント」（公約）ではなく、あくまで「目標」と書かれているわけですね。さらにもうちょっと取材をしてみると、「エンジン部は社内に存在するし、エンジン車を求めるお客さまがいる限りエンジン車も販売するので、エンジン開発も進めています」ということなんですよ。なので、事あるごとに一つの事象をあたかもそれが決定したかのごとく報じる日本のマスコミというのが、ものすごく何というか……。

池田：真実を歪めていますね。

岡崎：はい、誤解を生む原因となっています。

加藤：**マスコミはEV化を必要以上に煽っていますよね。**

岡崎：そうです。**不勉強か、もしくは不誠実で、扇情的**です。

加藤：話題を作って、人目を引けばそれでいいと。

池田：ゴシップ体質という意味では、東スポや芸能誌とほとんど変わりませんよ。

岡崎：日本のエンジン車が売れなくなるのが自動車産業の危機だと仰いますが、本当に今後エンジン車は売れなくなるのでしょうか。それに今後というのはいつのことを指すのでしょうか。少なくとも2030年になる頃は、まだまだエンジンを積んだクルマはいっぱい売れます。エンジン車など終わったと主張するCEOが率いるVWの計画ですら、2030年でも50%はエンジンを積んだクルマです。アフリカや中近東、中南米、ロシア、オーストラリア、東南アジアといった国々でEVがメインになるなんて想像すら出来ません。

加藤：私は海外メディアでは、「ブルームバーグ」や「ウォール・ストリート・ジャーナル」

を読んでいますが、先日「8人の記者がEVを体験する」という企画があって、非常に面白かったですね。その記者たちが世界中の色んな場所や都市でEVを運転した体験談を披露する企画なんですが、その結論は「まだ早い」でした。要するに、一番の大きな悩みは**「EVを充電するインフラがまだ十分にない」**ということです。

岡崎：アメリカにもまだ全然ないですからね。

加藤：寒い地域の人などは、ヒーターをつけるとバッテリーを食うのでヒーターもつけられない、という話もしていました。

岡崎：アメリカ中の急速充電器の数って、アラバマ州のガソリンスタンドの数よりまだ少ないらしいですよ。これからどんどん増えていくんでしょうけど、今後増えるからといって、じゃあEV買いましょう、オススメですよ、と僕らの立場では無責任に言えないんですね。いつ、どのぐらいのタイムラインで、どこにどのぐらい充電器が増えるのかをちゃんとアナウンスしないと、ユーザーにクルマを評価してオススメする立場としては、言えないわけですよ。

池田：日本もそれは同じですよね。

岡崎：充電器が少しずつ増えていったとして、でも、故障しているのもあるとか、充電速度が遅い急速充電器があるとか、実際に調べていくとまだまだ課題が多くて。「ガソリン車から乗り換えてもまったく不便ないよね」とはまだまだ言えないんですよね。

加藤：テスラも自動車を作るだけではなく、上海に工場を作って1万基の充電ステーションを設置すると言っていますね。VWも、ポルシェも、テスラも、NIOも、充電器などのインフラを製造し、設置しながらEVを製造しているから、投資にお金がかかる。コストパフォーマンスが悪くないですか？

日産のEV孤軍奮闘——メーカーは黙々と充電器を増やし中

岡崎：それはそうですね。でもそれなりの決意を持ってEVを売っているというのは偉いと思います。日産もそうです。これまで孤軍奮闘、国に頼らず、日産のディーラー内に急速充電器を設置して頑張ってきました。彼らは2010年にEVリーフを発売してから急速充電器の設置活動をずっと自分たちだけでやってきました。公共の場所にも説得しにいったり、マンションの管理組合と交渉して、最初は全然取り合ってもらえなかったのを何とか設置してもらったとか、苦労した話は色々聞いています。日産がいなかったら、日本の今の急速充電器網というのは全然駄目でしたよ。やっぱりメーカーがそういうことをやるというのはすごく大切なことだし、評価すべきだと思います。

加藤：まさに涙ぐましい企業努力ですね。

池田：一時期は世界でもトップの設置数だったんですよ、日本の充電網は。

岡崎：そう。日産にあれだけのことをさせて、人もお金も出させたんだから、国や自治体の方ももうちょっと頑張ろうよ、と言いたいですよね。電気自動車補助金を出すだけじゃなくてね。これまで最もＥＶに本気だったのは日産であって、日本政府ではなかったんですよ。国は方針が急に変わったんですよね。

池田：「お前ら、ＥＶに本気になれ！」って今頃言うわけですから。どの口が言うかって話ですよ。日産の関係者の方々には思うところが色々あるのではないでしょうか。

加藤：国は**ＥＶ支援というのであれば、電池の国内生産、急速充電設備、原発を含めた再生可能エネルギーで電源の確保**を率先してやっていかなきゃいけませんね。

岡崎：本当に、仰る通りです。

池田：経路充電も大事ですが、やっぱり**ＥＶの運用において最も重要なのは、自宅での充電**。一戸建ては補助金で何とかなるかもしれませんが、最大の問題は私鉄の駅から徒歩15分の３ＬＤＫみたいな、普通の庶民が住んでいるマンションの充電設備をどうするかです。１台や２台なら出来るかもしれませんが、10台以上とかが夜間に同時に充電するためには、電柱からの引き込み線も、屋内配線も全部容量の大きなものに変えないと充電環境は揃わない。それには結構な工事が必要になってくるでしょう。そこが解決しないと、充電の第一歩がクリア出来ない。出先での充電はその次のステップです。

「EVと自動運転はセットで」の嘘

加藤：ところで、これはテスラの影響かもしれませんが、自動運転とEVは、すごく相性がいいという意見をよく目にします。

岡崎：ありますね。でもこれはね、大きなミスリードが世の中に起こっています。EV万能論者の学者先生などが「自動運転とEVはセットだ」みたいなことを仰っていて、それを読んだ記者さんらが同じ論調で書いているんですけれども、これ、嘘です。

加藤：それも嘘ですか!?

岡崎：EVじゃなくても自動運転は出来ます。間違いなくそうなんですね。というのも、今のガソリンエンジンは、ハイブリッドも含めてなんですけど、アクセルとエンジンなんてワイヤーケーブルでつながっていないですから。物理的にはもはやつながっていなくて、電子的につながっているんですね。ハンドルも電動パワーステアリングになっているので、それもまったく問題なく電子的に動くわけですよ。

池田：10年以上前から、操作系は全部電気のアシストがあって成立していますから、そこを能動的に動かすという部分については、EVもガソリン車も差はありません。

岡崎：「EVの方が制御しやすい」とも言われるんですけど、ガソリンエンジン車だってめちゃくちゃすごい制御をやっています。例えばちょっと荒れてる道を走るときに、少しずつ前のタイ

●この本をどこでお知りになりましたか?(複数回答可)

1.書店で実物を見て　　2.知人にすすめられて
3.SNSで(Twitter:　　Instagram:　　その他　　)
4.テレビで観た(番組名:　　)
5.新聞広告(　　新聞)　　6.その他(　　)

●購入された動機は何ですか?(複数回答可)

1.著者にひかれた　　2.タイトルにひかれた
3.テーマに興味をもった　　4.装丁・デザインにひかれた
5.その他(　　)

●この本で特に良かったページはありますか?

[　　]

●最近気になる人や話題はありますか?

[　　]

●この本についてのご意見・ご感想をお書きください。

[　　]

以上となります。ご協力ありがとうございました。

郵便はがき

お手数ですが
切手を
お貼りください

150-8482

東京都渋谷区恵比寿4-4-9
えびす大黑ビル
ワニブックス書籍編集部

お買い求めいただいた本のタイトル

本書をお買い上げいただきまして、誠にありがとうございます。
本アンケートにお答えいただけたら幸いです。
ご返信いただいた方の中から、
抽選で毎月5名様に図書カード(500円分)をプレゼントします。

ご住所　〒

TEL(　　-　　-　　)

お名前《(ふりがな)》

年齢

歳

ご職業

性別

男・女・無回答

いただいたご感想を、新聞広告などに匿名で使用してもよろしいですか?　(はい・いいえ)

※ご記入いただいた「個人情報」は、許可なく他の目的で使用することはありません。
※いただいたご感想は、一部内容を改変させていただく可能性があります。

ヤと後ろのタイヤの力の与え方を変えてクルマを安定させる……みたいな微妙なこともやり始めているんですよ。だからEVじゃなければ出来ないなんてことは、あり得ないです。

池田：実用的な領域での差はほぼないでしょうね。

岡崎：ないね！

池田：これがレーシングスピードで走るクルマだとか、100分の1秒で制御したいとかになるとEVの方が有利ですけどね。そういう話じゃなく、あくまでも公道で普通の人が使う範囲の話であれば、差はゼロです。

加藤：なるほど、エンジン車も進化しているということですね。

グーグルの自動運転開発「ウェイモ」

岡崎：実際、今、世界で最も進んだ自動運転と言われている「ウェイモ」というグーグルの自動運転タクシー［※8］が、実証試験をやっているんですけど、ベースとなったクライスラーの「パシフィカ」というミニバンはハイブリッドですからね。

加藤：そうなんだ！

※8　ウェイモ／Waymo
Googleの自動運転車開発部門。完全無人の自動運転を開発中。2020年10月、米国アリゾナ州で無人の自動運転タクシーの配車サービスを開始した（サービス名：ウェイモ・ワン）。

岡崎：はい、なので別にEVじゃなくても出来るんですね。実証実験のムービーを見るとかなり進んでいるように見えますし、実際進んでいるとは思います。ただ、アリゾナ州フェニックスは交通量が少なくてとても走りやすい環境ですし、そのなかでも無人タクシーのサービス地域は限られているのが現状です。

Google「ウェイモ」

池田：それと、一向に見えてこないのは、グーグルが自動運転を完成させたとして、それをどうビジネス化させるかですよね。ビッグテック企業って基本的にリアルなものづくりはしないわけで、グーグルが自動車生産に乗り出すっていうのはちょっと考え難いです。ブラウザー上で動く検索サービスだったら、PCにもスマホにもシームレスに入っていけましたが、馬力も駆動方式も違う世界各国各メーカーが作るクルマのハードウェアを、何でもござれで自動運転することはちょっとあり得ない。「ソフトがハードウェアを超える」みたいなことを盛んに言ってますけれど、それはどういう青写真なのかと疑問を持たないのは、伝える側としても想像力が欠如しているように思えますよね。

EV幻想はメディアの仕業

加藤：確かにここ数年のEV需要を引っ張ってきたのは、テスラでしょう。イーロン・マスクという経営者が現れて、人々の心を掴むような素晴らしいクルマ、それにまつわる表現力、プレゼン力で世界の注目を集めてきました。もっとも、テスラの場合はクルマだけではなくて「環境」をテーマとする一つのライフスタイルみたいなものを、政治的・金融的な部分も含めてアピールすることで世界の流れを作ってきた一面があると思います。ただクルマは恰好よさだけでは語れない。自分の命を預けるわけですから。私は、日本のメーカーは、テスラよりずっといいクルマを作っていると思うし、これからもテスラに負けないようなクルマを作っていただきたい。マツダは世界一のブランドに選ばれ「マツダ３」も世界のトップのデザイン賞をとっていますしね［※9］。

マツダ「MAZDA3」画像提供：マツダ（株）

岡崎：実はその「ワールド・カー・デザイン・オブ・ザ・イヤー」、僕は選考委員82人のうちの一人なんですけどね（笑）。

加藤：えぇ～！　さすがですね。

岡崎：投票結果はもちろん、実際に話していても各国のモータージャーナリストは冷静ですよ。急激にＥＶ以外が価値を失っていくなんて誰も思っていない。欧州「カー・オブ・ザ・イヤー」

※9　２０２０年「ワールド・カー・デザイン・オブ・ザ・イヤー」受賞は「マツダ３」
毎年23カ国・82人の国際的自動車ジャーナリストにより選考される賞。２０２０年度は、マツダの「マツダ３」が受賞。２位ポルシェ「タイカン」、３位プジョー「２０８」。

でもトヨタの「ヤリス」が最高賞をとりました。ハイブリッドが評価された結果です。

加藤：そう！　日本のメーカーはまったく負けていない、素晴らしいクルマを作っているわけですよ。日本のメーカーが英知を結集して、頑張ってきたものづくりへの努力を今後とも大いに応援していきたいものです。また、テスラが挑戦してきたようなイノベーティブなクルマにも、積極的に挑戦していただきたいですね。

岡崎：逆に言うと、テスラはそのサクセスストーリーが神格化されすぎていて、自動運転も含めたEVの存在そのものが、無理難題を進めていくための方便として、政治家などに使われている面もあると思うんですね。「テスラが出来たんだからお前のとこも出来るだろう」という感じです。でも実は、よくよく見ていくと、さっきも言ったように自動運転にしてもそこまで凄いものでもなくて、ちょっと立ち止まって落ちついて考えてみた方がいいような課題をたくさん内包している。ましてや最近のテスラは、作り込みの品質なんかにも問題が多発していて、左右で違うグレードのドアがついているとか、リアシートがちゃんとハマっていないとか……。

加藤：天井が飛んじゃったとか（笑）。

岡崎：そうそう（笑）、ガラスルーフが走行中に飛んだとか、色んな問題が出てきています。素晴らしいメーカーなんだけど、神格化しないでちょっと落ちついて眺めることも必要だと思いますね。

加藤：産業としての蓄積がないから品質管理もこれからでしょうね。テスラもEVもこれからということですね。

岡崎：まったく、そうですね。

加藤：自動車産業がＥＶに設備投資をしていることは確かです。これから充電器が増えることも確かで、ＥＶに幅広く様々な車種が登場してくることも確かです。でもＥＶはあくまでも選択肢の一つでしかなくて、実際はガソリン車からハイブリッド、それから水素……。

池田：e-fuel。

加藤：そうです。世界のメーカーはＥＶだけじゃなく、色々なクルマに挑戦している。だから必ずしも答えは一つではなく、色々なクルマに挑戦することによって、モビリティ（移動）ライフが楽しく豊かになるということです。

池田：本当にその通りです。**誰もＥＶの可能性を否定しているわけではない**のです。

岡崎：そういう意味では、こんなに楽しい時代はないというぐらい色んな選択肢がありますよね。

池田：日本の場合、やはり問題は、間に挟まっているメディアですよ。いい加減な、または余計な仕事をしてくれていて、正しいことを正しく伝えていないという現状を、皆さんにお伝えしたいですね。**新聞やテレビをそんなに信じないでください**、と言いたい。

「ＥＶ一本化で世界は進んでいて日本だけが取り残されている」というのは、新聞クオリティーのフェイクニュースですよ、ということをよくご理解いただきたい。

加藤：特に「日経」ね。ＥＶの広告代理店みたいになって。

池田：もう一つは、中国が裏で、モラルとしてはいかがと思うような挑戦をいっぱい仕掛けていますね。日本は今こそ、**中国ときちんと向き合うべきじゃないか**と思います。別にケンカをしろと言っているわけじゃないですが、どうやって日本の経済を負けさせないで進めるか、ということを真剣に考えないといけない。そういう時代に我々が今生きていて、そこの応援を、声を上げてやっていかないと政策の道を誤る。政治の道を誤らせないようにするのは、やっぱり我々の民意ではないかとつくづく思います。

岡崎：本当に池田さんの仰る通りです。最終的には「民意」という言葉が出ましたけど、どういう政治家を選ぶのかというのも民意だし、どういうクルマを選ぶかというのもやっぱりユーザー一人一人の民意なんですよね。選択肢をなくして、これしか駄目と上から決めつけられるというのは、自由を剥奪されるということですから。

日本は一党独裁の中国とは違って、資本主義、自由経済の市場です。我々一人一人が決めていくべきものであるし、**これらの話は他人事《ひとごと》じゃなくて自分事なんだ、**という視点でこの問題を捉えていただきたいと思います。

加藤：ＥＶだけではなく他の選択肢を選ぶ自由も尊重されるべきです。そういう自由経済の大原則は、守られてほしいですね。**日本は世界一の自動車産業を作ってきた国です。もっと自分たちの産業に誇りを持ってほしい。**

コラム●「ＭＩＲＡＩ」に乗ってみてわかった水素の可能性——岡崎五朗

1886年1月。カール・ベンツによって世界初のガソリン乗用車が世に送り出された。4サイクル単気筒エンジンの排気量は954cc。出力わずか0・9馬力。変速機はなく、最高速度は20km／hにとどまった。しかしここからエンジンは急速に発展していく。

パワーを上げるために排気量を増やし、能力を効率よく引き出すために変速機を組み合わせ、振動減少&さらなるパワーアップのために2気筒、4気筒、6気筒、8気筒、12気筒と多気筒化が進み、騒音を減らすために消音装置マフラーが付き、ターボやスーパーチャージャーといった過給器も付いた。その結果、1900年代初頭には最高速度200km／h、1920年代後半には300km／hを超えるクルマが登場。その後も改良の手が緩められることはなく、一酸化炭素や窒素酸化物といった人体に有害な排気ガスを削減する三元触媒装置と、それを効率的に作動させる電子制御式燃料噴射装置が普及。1997年にはトヨタが燃費を飛躍的に向上させるハイブリッドシステムを搭載した「プリウス」を発売した。こうしてクルマは速く、快適に、扱いやすく、安価で、クリーンになり、世界の自動車保有台数は14億台に達した。

しかしここにきて、「いくら改良したところでエンジンを積んでいる以上、二酸化炭素を出すじゃないか」と言われ始めた。たしかに125年にわたるガソリン車改良の歴史は、エンジンの特性を電気モーターに近づける歴史だった。電気モーターで走るクルマは変速機や三元触媒やマフラーといったデバイスを一切必要とせず、たった1個のモーターだけで大排気量エンジン並みの加速性能と12気筒エンジン並みのスムースさと静粛性に加えクリーンさも実現してしまう。まさにクルマにとって理想の動力源である。しかし、だからといって全部EVにしてしまえというのは暴論だ。EVはたしかに理想的だが、そこには「電源とバッテリーの問題さえ解決されれば」という注釈が付くからだ。ところが様々な思惑を背景に、課題を直視せず、EVのみが理想のクルマであり、エンジン車はすぐにでも終わらせるべきだと強硬に訴える人々がいる。そういった人々の主張が「嘘」であることを暴き、急速なEV一本化が様々な問題を引き起こすことに警鐘を鳴らすのが本書の狙いである。

EV一本化を主張する人たちの特徴は排他的であること。彼らはEV同様走行中に二酸化炭素を排出しない水素燃料電池車までをも、EVより効率が悪いことを理由に完全否定する。一方で大量のバッテリーと大量の電気を消費する効率の悪いEVは褒めそやす。まるでどこかの野党がお得意なダブルスタンダードそのものである。だが、ことの本質はどちらがいいかではなく、その人にとってどちらが合っているか、である。

私は2021年2月にトヨタの水素燃料電池車「MIRAI」を購入した。私自身初のエンジンを搭載していないクルマである。ほぼ同時期に父は欧州製EVを購入したが、異なる選択になったのは純粋に運用環境の違いが大きい。父は自宅充電が可能な一軒家に住み、私は都内のマンションに住んでいる。私のような自宅充電が出来ない使用環境でもＥＶを運用することは不可能ではないが、充電にまつわる様々な不都合が生じる。

その点、「ＭＩＲＡＩ」は水素充填《じゅうてん》に３分しかかからない。それで５００km走れるのだから使い勝手はガソリン車と同じだ。ただ、現在稼働している水素ステーションは全国で１５４カ所（ガソリンスタンドは３万カ所弱）と、まだまだ十分とはいえない。営業時間も短い。幸いなことに、私が住んでいる地域には水素ステーションがすでに数軒あり、来年（２０２２年）には24時間営業の水素ステーションも開業する。また、２０２５年には全国３２０カ所まで増える予定だ。そういった様々な条件を勘案して購入を決断したわけだが、結果的にとても快適なカーライフを楽しんでいる。

気合いを入れて燃費に徹した走り方をすれば、一充填で１０００km走ることも可能だ。実際、私は２０２１年６月に無充填で１０４０・５km走行という燃料電池車の世界最高記録を同業者とともに達成した（ＭＩＲＡＩチャレンジ）。とはいえ、一般的な実用航続距離は５００km程度と考えておけばいいだろう。最近は電気自動車でも５００km以上走れるものが出てきているが、わずか３分で５００km分の水素が充填出来るのはとても助かる。特に私のような自宅充電が出来ない使用環境下においてこのクイックチャージ性は圧倒的なアドバンテージになる。ちなみに水素の価格は消費税込みで１kg当たり１２１０円。ランニングコストはざっくりリッター当たり12～13km走るレギュラーガソリン車と同等だ。「ＭＩＲＡＩ」が「レクサス」の最

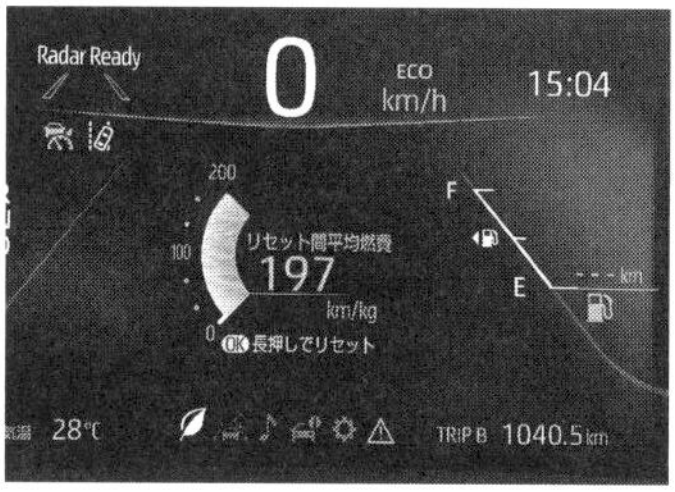

無充填で1040.5km走行達成（世界記録更新）

「MIRAI チャレンジ」を仲間たちと共に

上級モデルであるＬＳとほぼ同サイズのモデルであることを考えると、ＥＶには及ばないものの経済性も上々だ。

問題は、昨今のＥＶ推進にまつわる動きがそういったユーザーの使い勝手を無視した議論に偏っていることだ。そこに留まっている以上、拡がりには限界がある。クルマを購入するのはユーザーであり、使い方や事情や価値観はその数だけある。それらに対応するさまざまな選択肢を用意することがカーボンニュートラルへ向けたサステイナブルな取り組みであるはずなのに、どこかで目的と手段が入れ替わり、ＥＶ化が目的になってしまっているのだ。水素はまだコストがガソリン並みで、かつほとんどが化石燃料を原料としているため、ＥＶが火力発電に依存しているのと同様、燃料電池車も現時点では素晴らしくエコであるとはいえない。しかし、今後トラックや船舶、発電所等、社会全体での水素消費量が増え、同時に再生可能エネルギーの供給量が増えていけば、単価は3分の1程度まで下がり、カーボンニュートラルを実現するためのキーテクノロジーのひとつに成長していくだろう。そんな水素社会に向けた最初の一歩が「ＭＩＲＡＩ」だ。

第6章

欧州が仕掛けるゲームチェンジの罠
——迫るLCA規制の実態

未来ネット / 旧林原チャンネル
配信日2021年4月29日（収録日3月30日）
より

EVの罠／EV派閥マップ

加藤：EV化は脱炭素の潮流のなかでメディアが批判しない領域となっていますが、実態はどうなのか。本章ではお二人にEVにまつわる嘘や誤解をクリアにしていただくことで、読者の皆さまにさらに〝**EV化問題の本質**〟への理解を深めていただきたいと思います。

池田：よく僕らはEVに対して批判的だと言われます。でも、あくまで「EVは万能じゃない」と言っているにすぎません。「何にでも効く薬はないですよ」と言っているだけです。

岡崎：そう。EVが駄目なんじゃなくて、〝**EVだけにするのが駄目**〟ということですよね。

加藤：そこを読者の皆さんにもぜひご理解いただきたいですね。本当に〝**罠だらけ**〟ですから(笑)。

岡崎：池田さんが面白い図を作ってくれたので、ここで改めて整理してみましょう。

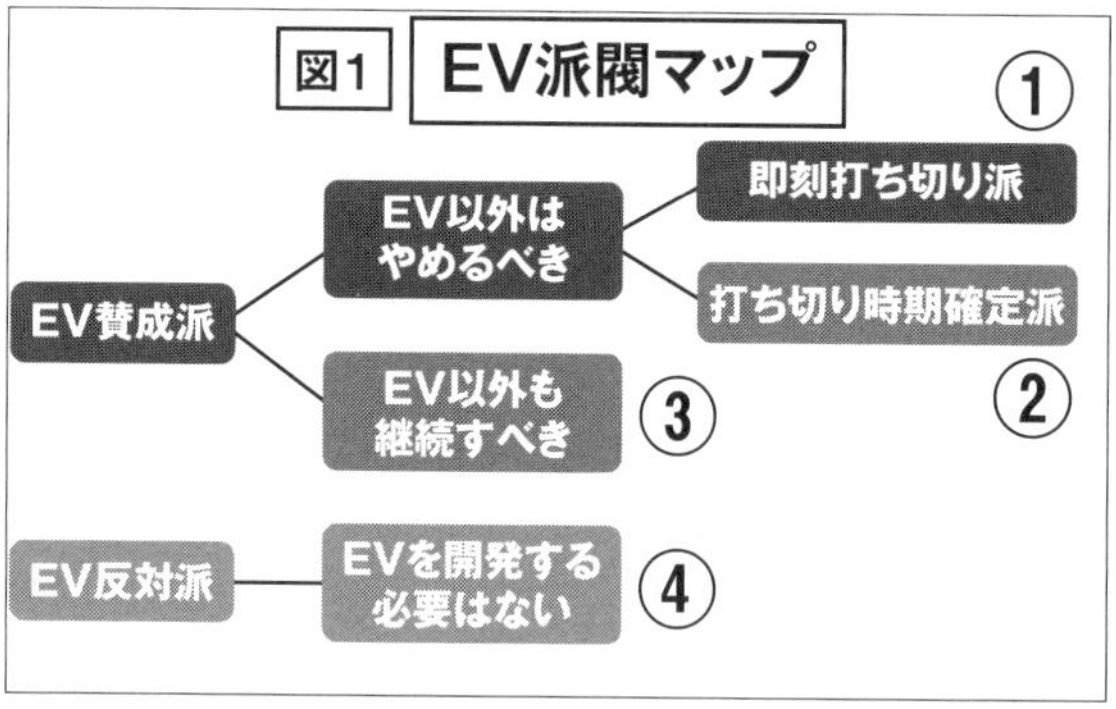

EV派閥マップ　図作成：池田直渡

池田：「EV派閥マップ」というものを作ってみました（図1）。現状、EVに関しては賛成派・反対派、色んな主張があります。例えば、ＥＶに反対しているのは「ＥＶなんか開発する必要ないじゃないか」という意見の人ですよね（④）。
岡崎：まぁ、あんまりいないとは思います（笑）。
池田：そして、賛成派の中にも色んな意見があります。例えば「ＥＶ以外は全部無駄だから即刻やめるべきだ！　ガソリン車やハイブリッドなんか即刻打ち切って、世界をＥＶに一本化しよう！」と言っている人がいますね（①）。
岡崎：「ＥＶ真理教」の方々ですね（笑）。
池田：はい。ただやっぱり、それ以外の人の方が数は多いでしょう。例えば、ＥＶ賛成派のなかでも「ガソリン車の打ち切りには賛成だけど、すぐには無理だから時間を置きましょう」という意見の人々（②）。あるいは、「ＥＶはいいと思う。でも万能じゃないからジャンルによっては他のものも必要だよね。だから、ＥＶ以外も存続させておかないと困るんじゃないの？」という意見の人々（③）ですね。
加藤：なるほど。では、我々は基本的に③ですね。
池田：「ＥＶ以外はやめるべき」論の中には、「２０３０年まで、２０３５年まで、とやめる時期を今はっきり決めてしまいましょう。今のうちにルールを作ってしまいましょう」という意見もあります。小池百合子東京都知事などもそうですが、「政治」方面に結構いますね。我々は、基本的には③なので、**「ＥＶを作るのは賛成です。でも、これから様々な問題が起きたときに**

手詰まりにならないように、他の方法も同時にやりましょう」と言っているわけです。問題は必ず出てきます。というか、問題がないのなら、とうの昔に自然とEVが選ばれて主流派になっているはずです。けれども現実問題として、思ったほどバッテリーが進歩しないとか、バッテリーの廃棄方法で新しい重大な問題が見つかったとか、やっぱり電気が足りないとか……想定しなかったことが次々と出てくる可能性は常にある。

岡崎：でもおそらく、EVが大好きで、イーロン・マスクに憧れて心酔しているような方々からすると、我々の主張はEVそのものを否定しているように聞こえるんですよね。

加藤：EV以外はまったく認めないという人、確かにいますね。

フォルクスワーゲンCEOの発言は嘘だらけ

岡崎：少なからずそういう方々がいるのは仕方がないと思います。多様性は大事ですから（笑）。

でも、最近ビックリしたのは、VWのCEO、ヘルベルト・ディースさんが「EVは勝った！(E-Mobility has won the race!)」とツイートしていたことです（2021年3月16日の投稿）。

それに続けて「だから我々VWのメインのコアなビジネスは、充電とバッテリーになるんだ」と言い出した。さらに、こんなツイートもしています。

「電気が勝った！　水素で走る燃料電池トラックの大きな夢は消えた！　そんなのはニッチ

だ！（Electrification is the right way! The big dreams of fuel cell trucks running on green hydrogen are gone. Just a niche!)」（２０２1年3月20日の投稿）

これどうですか？　さっきの池田さんの「ＥＶ派閥マップ」でいう①に近い②ですよね。

池田：はい。責任ある企業のトップとは思えない発言ですね。

岡崎：世界1位、２位を争う自動車メーカーのＣＥＯがこんなことを言い出していいのかと、本当に驚いたんですよ。

池田：一方、ＶＷでデビューしたばかりの新型「ゴルフ」（ＶＷの伝統的なエンジン車）の広告では、一生懸命ハイブリッドを推しています。あるいは、ＶＷグループのアウディのサイトに行くと、第1章で紹介した通り「e–fuelを頑張っています」とちゃんと書いてあります。そういうのを見るとディースさんは、いうなれば、口の周りいっぱいにクリームをつけて「ぼ、ぼく、ケーキ食べてないよ！」という子供のようにしか見えないわけですよ（笑）。「電気が勝った！　バッテリーが勝った！」と言うなら、今すぐハイブリッドもe–fuelもやめるべきじゃないですか？

岡崎：そうなんです。ゴルフも即刻製造をやめて、全て「ＩＤ・３（アイディースリー：ＶＷの新世代ＥＶ）」にすればいいんですよ。

池田：今後ＶＷが売るガソリンエンジン車は誰も買わない方がいいということですよね。

岡崎：そういうことです。

フォルクスワーゲンのEV「ID.3」

池田：この方の理屈だと、現在進行形で販売中のクルマを「俺たちの在庫処分品を誰かもらってください！」という〝ババ抜き〟みたいな販売をすることになるんですよね。まったく顧客に失礼な話ですよ。

岡崎：彼の発言はおそらく、普通の人たちから見たら「威勢のいいこと言っているな」で済む話でしょう。でも、我々専門家からすると、この立場の人がこういうことを言うのはもう言葉が出ないぐらいの……うーん、何て言ったらいいんでしょう……「クルマに携わる者としては一線を越えた」くらいの有様《ありさま》でして。

加藤：私も、ちょっと衝撃です……。

池田：グローバルで見たら、ＶＷの年間販売台数の９割以上が、まだガソリン車やディーゼル車ですからね。**このままではＶＷは、２０３５年まで会社が持ちこたえられない**でしょう。

岡崎：おそらく彼はイーロン・マスクに会って心酔して、「この人のやり方を真似よう！」と思ったのでしょう。最近ツイッターも始めてね。いかにも大風呂敷的なことを言って、イーロン・マスクと同じように「そうだ！」と大喝采《だいかっさい》を受けて……などと目論んでいたのでしょう。ただ、ツイッターのコメント欄を見ると、一般人にボコボコにされているんですけどね。「そんなこと、お前に出来るわけないだろ！」みたいな感じで（笑）。

池田：やっぱりテスラの株価があれだけ上がったのを見て、世界中のメーカーが「おいおい、このスタイルの方が勝てるんじゃないか」と思っている節《ふし》もあります。それを中国ではＮＩＯがフォローしました。ＶＷもしかりです。実際には別のことをやりながら、口ではああいう威勢のいい発言をした方が、投資を呼び込めて株価がポンと上がって、短期的には明らかに成績が上がるということが、どうも証明されてしまったのです。

岡崎：ＶＷの株は事実20％ぐらい上がったんですよ。

加藤：えっ、そうなんですか!?

池田：だからクリームつけたまま「ぼ、ぼく、ケーキ食べてないよ！」と言った方が株価は上がるということですよ（笑）。あとは**「人として、会社としてどうなんだ!?」という企業倫理**の問題ですよね。

加藤：そこですよ、問題は。

池田：自分がやっていることを正直に言うのか、もしくは、やっていることと発言することは分けた方がいいのか……そういう意味でいうと、僕はこのＶＷのディースさんという人を完全に見誤っていましたね。

岡崎：政治家にも同じような人がいっぱいいますよね？

加藤：もちろんです。口先だけの政治家が多すぎます。

池田：口だけしかないかもしれない（笑）。

EUが仕掛ける罠――CAFEとLCAの真の意図とは？

加藤：そんなVWの話を踏まえ、今回はEUの動きについて議論していきたいと思います。そもそも「なぜEUで急にEV化の議論が出てきたのか？」「その背景には何があるのか？」という話ですね。

第3章でも言いましたがEUは長年、なかなか日本車に勝てない、特に**日本のハイブリッド車の性能に勝てない**、という点でずっと苦労してきました。VWをはじめとするEUのメーカーがずっと考えてきた**〝EUの戦略〟は、日本車を駆逐することにあるのではないでしょうか？**

日本政府は彼らの策略にまんまとハマり、ゲームチェンジを強いられているのではないか。これは**〝EVの罠〟というよりも〝EUの罠〟**ではないのか？……という可能性をここでしっかり検証していきたいと思います。

岡崎：ゲームチェンジに関していうと、そもそもガソリン車あるいはハイブリッド車からEVへのシフトが一つ目のゲームチェンジだったわけです。それに対してこれまで我々は、「EVも製品の製造過程や電気を発電する際にCO_2を排出していますよね？」と指摘してきました。でも実のところ、EUはもう一つゲームチェンジのネタを用意していたんです。それが何かということを、これから説明していきたいと思います。

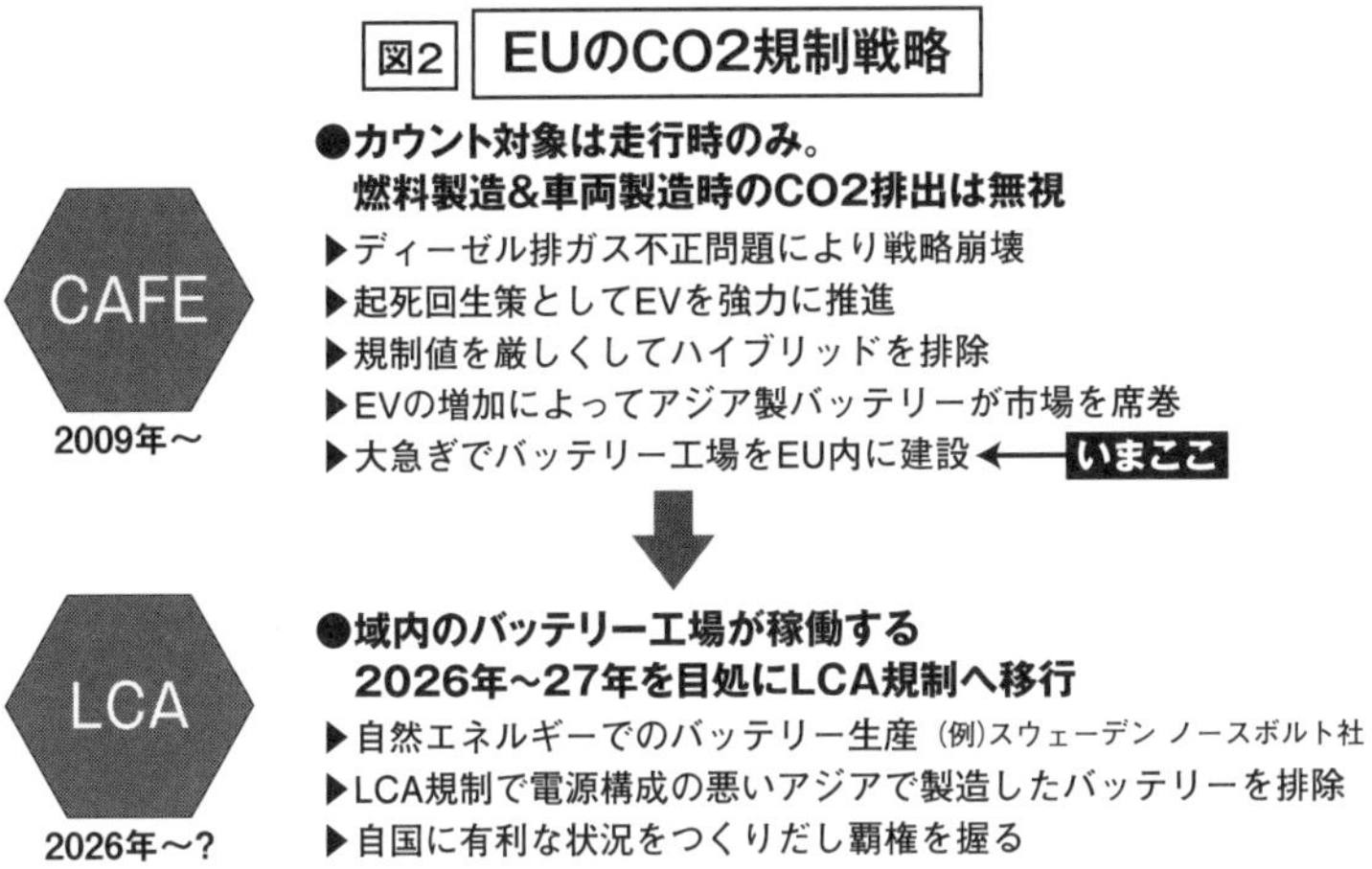
図2
EUのCO2規制戦略
CAFE
2009年～
●カウント対象は走行時のみ。
燃料製造&車両製造時のCO2排出は無視
▶ディーゼル排ガス不正問題により戦略崩壊
▶起死回生策としてEVを強力に推進
▶規制値を厳しくしてハイブリッドを排除
▶EVの増加によってアジア製バッテリーが市場を席巻
▶大急ぎでバッテリー工場をEU内に建設
いまここ
LCA
2026年～?
●域内のバッテリー工場が稼働する
2026年～27年を目処にLCA規制へ移行
▶自然エネルギーでのバッテリー生産 (例)スウェーデン ノースボルト社
▶LCA規制で電源構成の悪いアジアで製造したバッテリーを排除
▶自国に有利な状況をつくりだし覇権を握る
ＣＡＦＥとＬＣＡ　図作成：岡崎五朗

加藤：よろしくお願いします。

岡崎：上の図（図2）にまとめたのでご覧ください。2段階に分かれています。歴史的な経緯から見ていかないと複雑なのでわかりづらいんですが、ＥＵは2009年にＣＡＦＥ（カフェ）という規制を作りました。それについては第2章でもお話ししましたね。

　ＣＡＦＥとは、簡単にいえば「燃費が悪いクルマはいっぱいCO_2を出しているから罰金をかけますよ」というルールです。2009年当初はそれほど厳しいものではなかったのですが、どんどん厳しくなっていきました。2020年には「1km走行当たりのCO_2排出量を95gに抑える」という、普通の技術、普通のエンジンだと到底クリア出来ないレベルにまで厳しくしています。今、実際にクリアしているのは優れたハイブリッド技術を持つトヨタだけです。ＥＶ真理教の方々からくだらない突っ込みが入りそうなので、「テスラのようなＥＶ専門メーカーを除けば」と付け加えておきましょう（笑）。

ただし、これにはスーパークレジット制度という〝抜け穴〟があります。前にもお話ししましたが、乱暴に言うと「EVの成績は2倍などでカウント出来る」という大変都合の良い〝後付けのルール〟です。これに救われてCAFEの基準をクリアしたメーカーは結構あります。

加藤：自分たちには甘いということですね。

岡崎：元々ヨーロッパのメーカーはディーゼルでCO2を減らしていこうとしていました。ところが2015年にVWが「ディーゼル・ゲート事件」〔※1〕という事件を起こしてしまいます。実際よりも排気ガスが汚いクルマをきれいだと偽って売っていたのが大スキャンダルになったんですね。その結果、ディーゼルエンジンに対する風当たりがものすごく強まり、売上もどんどん落ちていったわけです。それで、彼らは「ディーゼルエンジンに賭けていたのにどうしよう」「ハイブリッドは日本メーカーしかやっていないし、我々には今さら無理だ」と追い詰められて……。

加藤：もうEVしかない、と。

岡崎：そう。そこで「EVをいっぱい売らないとクリア出来ないぐらいまでCAFEの基準を厳しくしたら、ハイブリッドも排除出来るだろう」と考えたわけです。そんな意図があるので、CAFEは今後も基準が厳しくなっていく仕組みなんですね。

加藤：EUはEVを売るために、ガソリン車を売れなくする規制を作ったわけですね。しかし、

ＶＷは追い詰められていますね。

岡崎：ＥＵは、ＥＶを売っていく方向に舵を切ることに成功してはいるんですけど、今度は新たな問題が浮上してきました。**ＥＶの一番重要なパーツである「バッテリー」の問題**です。ＥＶ用のバッテリーがどこで作られているかというと、中国と韓国と日本なんですね。つまり、アジアでしかバッテリーを大量に生産出来ないのがこれまでの状況です。それに対してＥＵは「アジアからバッテリーを輸入してＥＶを赤字スレスレで売ったって、俺たち全然おいしくない」ということにようやく気付き、大急ぎでバッテリー工場をＥＵ域内に建設し始めました。それが２０２１年３月、４月の状態です。

加藤：まさに、ＥＶの価格の３～５割はバッテリーですものね。

岡崎：話はこれで終わらないんですね。次の目論見《もくろみ》として、**ＥＵは「ＬＣＡ」という新しい概念**［※2］を持ち出してきています。実はこれこそが、ＥＵの第２のゲームチェンジになるということなんですよ。これは池田さんにじっくり解説していただきたいと思います。

※１　フォルクスワーゲンのディーゼル・ゲート事件
２０１５年9月、ＶＷがディーゼルエンジンに不正ソフトを仕込み、違法に排ガスをクリーンに見せかけたことが発覚した事件。その後の罰金や補償金は3兆５０００億円を超える。

※２　ＬＣＡ（Life Cycle Assessment／ライフ・サイクル・アセスメント）
製品やサービスのライフサイクル全体の環境影響評価の手法。ライフサイクル全体とは「資源採取―原料生産―製品生産―流通・消費― 廃棄・リサイクル」を指す。

EU第2のゲームチェンジ＝LCA

池田：はい。CAFEはそのメーカーのクルマが走行時にどれだけCO2を出すかを評価します。あくまでも「走っている間だけ」が評価の対象です。だけど**LCAは違います**。原材料の採掘、部品の加工、クルマ全体の組み立て、そして実際にユーザーに十何年と使われて、最終的に廃棄されるところまで、**「製品のライフサイクル全体を通してCO2をどのくらい出すか？」**という**評価手法**なのです。

加藤：ずいぶん大掛かりですね。

池田：ええ。CAFEのときに「EVはゼロ・エミッション」と謳《うた》ってみたものの、まわりからは「製品を作ったりしている過程でも、CO2を出しているじゃないか」と批判を受けました。でも彼らは「それを逆転させれば武器になるぞ」と考えたわけですよ。さっきお話に出てきた通り、バッテリーの生産は、量でいうと中国、韓国、日本の3カ国で寡占《かせん》しています。しかも、世界中で欲しがっているから今は需要がすごく高い。ようするに〝売り手市場〟ですね。そのため、EVのコストが高くなるわけですが、かといってEV本体の売り値はそうは上げられない。加えて、バッテリーを売る側が「高く買ってくれるところに売るからいいよ」というスタンスになると、儲かるのはアジアの国だけということになる。彼らはここに至ってそのことに気が付くわけですよ。

加藤：なるほど……。

池田：だったらＬＣＡという新しい評価基準を作って「バッテリー製造時にCO_2出ているじゃないか、それでは駄目だ」というルールに変えればいい。そうすることで、彼らには勝てる道が生まれるんです。

もう少し別の角度からいうと、ＥＵって域内経済ですよね。国によってCO_2の排出量が全然違う。CO_2排出量が少ない国は主に北欧のエリア、それからフランスです。フランスはだいたい原発と再生可能エネルギーとで90％。北欧諸国は原子力と水力発電などの再エネでほぼ100％なので、いわゆるCO_2を排出していない国々です。**バッテリーの生産は、実は作る過程の段階でも非常にたくさんの電気を使います。**そうすると、電源構成が汚い（化石燃料での発電が多い）国で作ったバッテリーは、「CO_2をめちゃめちゃ出しているじゃないか」と批判される立場になってしまうわけです。だからＥＵのメーカーは、**北欧やフランスでバッテリーを作って、ドイツの工場でＥＶに積む**という作戦をとる。そうすることで「ドイツのＥＶは成績が極めて優秀だ」という絵柄が出来上がるんです。

加藤：なかなか考えましたね。

池田：相当、練り込んでいます。

電源（発電）構成は各国で相当違う
――フランスは原発が66％

加藤：ここで各国の電源構成を見てみましょうか。次ページの図3を見てください。世界一の原発大国はフランスで、66％です。

岡崎：石炭と石油なんてどちらも1％しかないですからね。

加藤：ドイツは再生可能エネルギーの割合が47％と高めですけど、石炭が24％もあり、CO2排出量は多いといわざるを得ないということがわかります。

池田：北欧のスウェーデンは水力発電（再エネ）と原子力のみですね。

岡崎：電源構成が悪い国というと……。

加藤：はい。日本とアメリカを見てみましょう。まず、日本の電源構成を見ると、天然ガス34％、石炭31％、原子力4％、石油4％、そして再生可能エネルギーが22％。ここには水力と太陽光が約8％ずつ含まれています。また、2030年の予定を見ると（212ページの図4）、原子力がかなり増えて20％、再エネも38％まで上げると政府は目標を立てています。

岡崎：でも原発を増やしたところで、2030年の時点でも、まだ半分以上が化石燃料の火力発電ですからね。

加藤：クリーンとはいえませんよね。でも、アメリカも化石燃料が多い。日本とアメリカは電

図3　世界の電源構成（2020年）

（単位:%）

	日本	中国	インド	アメリカ	イギリス	フランス	ドイツ	スウェーデン
石炭	31	63	68	20	2	1	24	0
石油	4	0	1	1	0	1	1	0
ガス	34	3	5	39	36	7	16	0
原子力	4	5	3	19	15	66	11	30
再エネ	22	29	23	21	45	25	47	69
その他	5	0	0	0	2	1	1	1
合計	100	100	100	100	100	100	100	100

※再生可能エネルギーは、太陽光、水力、風力、地熱、バイオマスを含む。
その他とは非再エネ可燃物、非指定物を含む

出典:自然エネルギー財団 / 2020年12月までの IEAデータを元に作成

源構成がやや似ているともいえます。

池田：アメリカはそもそも産油国で、シェールガス革命を経て今や資源大国ですが、それは化石燃料の話です。この構造を再生可能エネルギーに変えようと思うと、政治的な軋轢《あつれき》が尋常じゃない。一方で日本はそもそも資源小国です。しかも再生可能エネルギーに関しては、土地が狭く傾斜地ばかりで太陽光発電は厳しいですし、山岳での風力発電もメンテナンスが大変。洋上風力が唯一の可能性ですが、まだ実験レベルですら成功していない。**再生可能エネルギーの時代になっても資源小国であることは免れない**状態なのです。

原発に反対する人の気持ちは痛いほどわかりますが、自給の道は原子力以外になかなかない。しかもゴールをCO_2削減ではなく気候変動に設定すると、排熱による海水温の上昇なども考慮しなくてはなりません。まったくもって一筋縄ではいかないんですよね。

岡崎：本当、エネルギー問題は日本の生命線ですよね。

図4 日本の電源構成

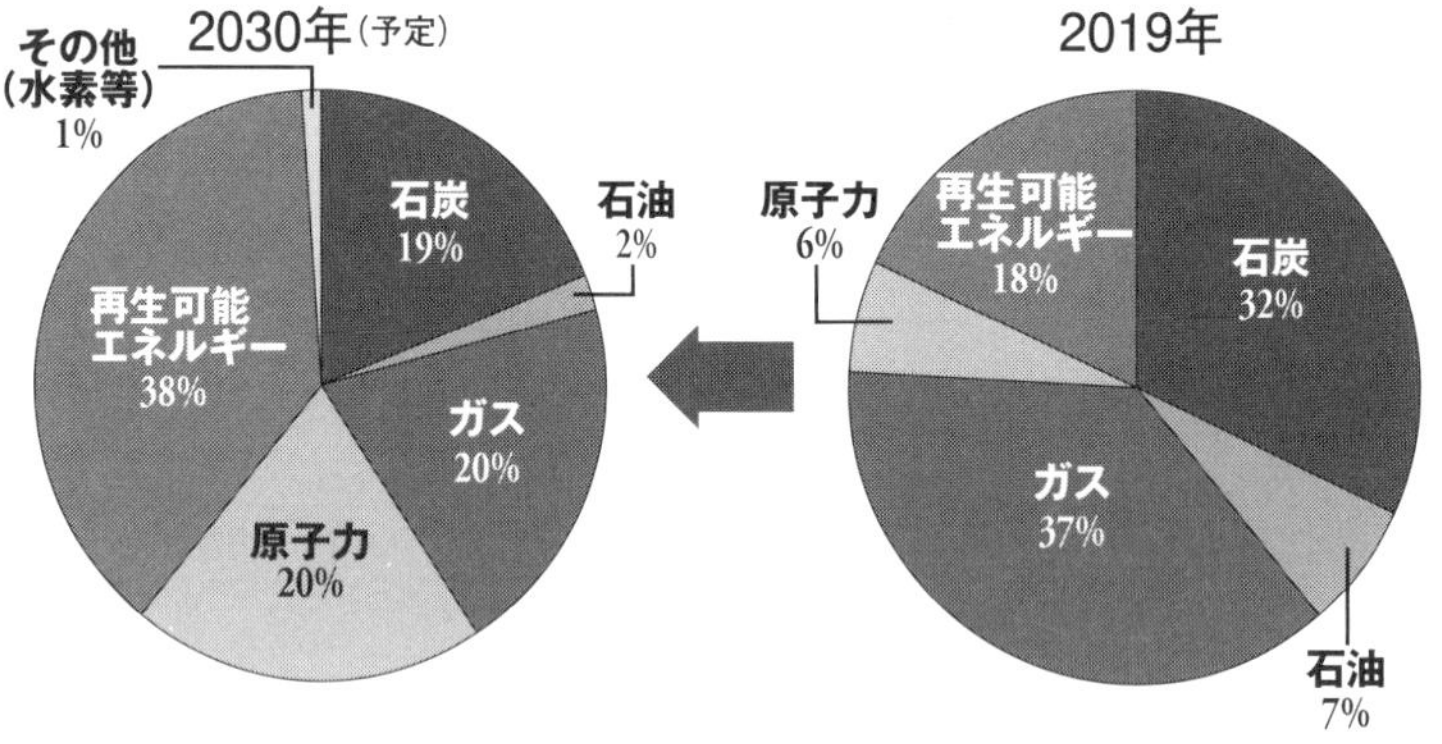

出典:経産省 2021年7月21日発表「エネルギー基本計画」より

ちょっと中国も見てみましょう。

加藤：中国は、圧倒的に石炭で63%。

岡崎：こんな国で作ったバッテリーがエコなはずがない。

池田：EUがLCAの概念を持ち出したとたん、アジアが全部「お前ら駄目だ」と言われるわけですよ。

岡崎：世界のCO2を抑えたいのなら、中国に対して圧力をかけなくては理屈的におかしい。

加藤：その通りです。中国は今、原発を48基稼働中で、45の新たな原発を建設・計画中だそうです。それが完成すると世界一の原発大国になります。日本は36基のうち稼働中は10基のみです。それらを比べても中国にはますます勝てなくなる。

中国の経済成長を年率5%と予測すると、2025年のCO2排出量は2020年比で10%も増える計算になります。5年で増える中国の排出量は日本の全排出量に匹敵します。

池田：中国は原発を今やたらと増やしていますが、世界一の水力発電を誇る「三峡ダム」の決壊の噂があったりして多くの問題が指摘されており、ＣＯ２を減らす以上の地球環境への影響が本当ヤバイですよね。

ＬＣＡは、莫大な関税を課すためのルール作り

加藤：しかし、「**ＥＵ＝世界**」**ではない**ですよね。そのあたりはどう思いますか？　ＥＵのルールにみんな従いますか？　例えば中国やインド、あとＡＳＥＡＮ諸国、全てのアジアの国はどうしたって石炭火力がまだまだ強いです。

岡崎：欧州勢は、ＥＵのマーケットを第一に考えているでしょうね。外からの流入をいかに止めるか、という意味では「ＬＣＡ」は相当効く政策ですよ。例えば、日本や中国からＥＵへの輸出はほぼ止められるでしょうね。

池田：要するに康子さんが指摘されたのは、「他の国には不利なのに、自分たちだけに都合の良いこんなルールが通るわけないじゃないか」ということですよね？

加藤：そう、**ＥＵだけで世界のルールを決めてくれるな**と。

池田：ＬＣＡのベースには「世界をきれいにする」という環境問題が大義名分としてあります。だけど、それは隠れ蓑《みの》のようなもので、「ＥＵだけが他国から入ってくるものに対して、莫大

な関税をかけられる」というル特殊なルールなんですよ。

加藤：世界は自由貿易ではなく、**「環境」という名の保護主義に向かいつつあると？**

池田：そうです。だから、彼らのなかの理屈では、これは関税じゃなくて、環境に悪いことをしている人たちを更生させるための〝**罰金**〟なんです。

岡崎：彼らにとっての〝正義〟なんですよね。

池田：まさに、身勝手な正義です。このLCAのルールが採用されるとどうなるか？　EUは〝罰金〟によってどんどん税収が上がる。EU以外は対抗して税金をかける。だから、このゲームが始まったら、どうしても「全員が税金（罰金）をかけ合う」状態に行き着くでしょうね。

岡崎：自由経済とはほど遠い、社会主義的な鎖国経済に行き着きますよ……。

LCAで日本の製造業は海外へ出て行く
――豊田会長の危機感

加藤：LCAに関しては、トヨタの豊田社長も危機感をあらわにしています。「トヨタイムズ」でも読みましたが、東日本大震災の10周年で東北に行かれて記者会見をされたときに、このLCAの問題を取り上げて話されていました（2021年3月11日の発言）。

（トヨタイムズ「CO2と雇用の関係　豊田章男の危機感」2021年3月22日付掲載）

池田：あのとき、僕も福島の浪江町に出来た水素の新しい施設へ取材に行っていたので、現場で直接話を聞きました。ちなみにこの水素プラントは、「福島水素エネルギー研究フィールド」（ＦＨ2Ｒ）といって、２０２０年3月に開所され新エネルギー開発で注目されている、世界最大級の水素製造機能を持つ実証実験施設です。

加藤：そこで豊田社長は、まずＬＣＡについて、先ほど池田さんがご説明いただいたことをお話しされています。ＬＣＡが適用されると、材料から部品、車両製造から廃棄まで、全ての過程でＣＯ2排出量をカウントするようになる。そうすると**同じクルマでも〝作る国のエネルギーのあり方〟でＬＣＡの値が変わってきてしまう**。

池田：そうです。これがさっきお話しした電源比率ですよね。

加藤：発電でいかにＣＯ2を出さないかが重要になってきます。

現在、日本の自動車の国内生産は約１０００万台で、その半分に近い４８２万台が輸出されています（図5）。今後日本の電源構成があまり変わらないなかで、ＬＣＡの基準を満たそうとすると、この輸出分の生産が再エネ導入の進んでいる国や地域へシフトする、つまり、日本から工場が出て行ってしまうということになりませんか？

岡崎：そうです。これまで日本の製造業はより〝安い労働力〟を求めて、中国やベトナムをはじめとする人件費の安い国々に工場を移していきました。今後、ＬＣＡに基づいて、**〝低炭素な国に製造業、工場が移っていく〟**という流れになったら、トヨタだってそうせざるを得ない。豊田社長はそう仰っているわけです。

図5 自工会各社 生産・輸入台数（2019年）

・国内生産968万台のうち、約半数の482万台を輸出が占め、外貨獲得・雇用に貢献
・LCA（ライフサイクルアセスメント）でのCO2削減には、どういうエネルギーで作るかもセットで考える必要
再エネ普及が進まず、製造時CO2の問題で日本生産の車が輸出できなくなれば、貿易黒字大幅減雇用に重大な影響

生産台数

		国内生産	輸出	海外生産	計
全社合計		968万台	482	1,885	2,853
乗用	マツダ	101	85	48	149
乗用	スバル	62	51	37	99
乗用	三菱	62	38	75	137
乗用	トヨタ	342	210	564	905
乗用	ホンダ	84	13	433	517
乗用	日産	81	46	415	496
軽	ダイハツ	95	0	52	148
軽	スズキ	95	18	211	306
大型	日野	16	8	4	20
大型	いすゞ※	22	14	37	60
大型	三菱ふそう	非公表			5
大型	UDトラックス	非公表			1

構成比 国内生産比率の順

国内生産	輸出	海外生産
34%	17	66
68	57	32
63	51	37
45	27	55
38	23	62
16	3	84
16	9	84
65	0	35
31	6	69
79	42	21
37	24	63
非公表		
非公表		

※2019年度

出典：日本自動車工業会、各社公表値、マークラインズ 等

輸出▲482万台の場合　貿易黒字：▲15兆円　雇用影響：▲約70～100万人

※貿易統計、産業連関表等より推計

加藤：それは日本の経済や雇用にとって、ものすごい打撃ですね。

池田：このLCAの問題はトヨタだけに限った話ではありません。日本の全製造業に関わるものです。このままだと、**輸出をしている全ての製造業が、日本でものづくりが出来なくなります。**国内消費する分には関税はかからないのでそれほど問題はないのですが、海外への輸出品は全部、莫大な関税の餌食《えじき》になって競争力を失ってしまうわけです。

加藤：EUだけが得をするこんなゲーム理論が、世界で通用するんでしょうか？

岡崎：EUほど極端ではないけれど、アメリカのバイデン大統領もそっちの方向ですよ。

加藤：でも、アメリカの場合、電源構成を見る限り決して有利ではありませんし、原発も縮小傾向です。運輸省長官（ピーター・ブティジェッ

ジ氏）の記者会見や関係者のコメントも読みましたけど、長官は、バイデン政権がカリフォルニア州の脱炭素的な政策を支持、関与しているかについては言葉を濁していました。それに今は国民からも、ものすごい反発を受けているじゃないですか。米上院では、自動車部品産業の人たちが「**このまま脱炭素政策を進めたら3分の1の人々が職を失う**」と主張していましたね。

岡崎：日本でも「１００万人が雇用を失う」と、豊田会長も仰っています。

池田：アメリカは今や世界第一の産油国ですからね。天然ガスも世界一です。**ＬＣＡはアメリカさえも標的にしているともいえそうです。**

岡崎：トランプさんだったら、真っ向対立しているはずですよね。

脱炭素不況が到来――ＬＣＡで失われる日本の雇用１０００万人

加藤：豊田社長は、このＬＣＡの影響で、**日本でのものづくりが出来なくなる可能性について**強調されています。もちろん自動車業界だけでなく、日本の経済全体にとっても大変な危機的状況です。日本の自動車は、これまでの20年間で、走行時のＣＯ２を22％も削減してきました。他の国のどのメーカーよりも環境に厳しく向き合ってきたのにもかかわらず……なぜ日本でものづくりが出来なくなるのか！　そんな理不尽な話はないと、憤りをあらわにしています。

池田：僕らもまったく同感です。

加藤：この脱炭素の問題は、大きな雇用問題でもあります。550万人の人々が今の自動車産業で働いていて、そこから100万人もの人たちの仕事が失われる可能性がある。国内で生産して輸出の割合が多い、マツダとかスバルのような最高のクオリティのクルマを作るメーカーが……日本で地場産業として地域を支えている歴史と伝統のある企業が、国内で製造が出来なくなる。そんな事態が、起こるかもしれないということですね？

岡崎：今の政府の動きを見ていると、それもやむなしと思っているんじゃないですか？……。

池田：EUが言い出したLCAがアメリカなどに否定される……という望みがあるのならいいんですよ。だけど、今やっぱり僕らの身の回りの自動車メーカーの人たち、もしくは同業者と話をしていると、**LCAはまず九分九厘来る**と思っている人が多いです。「来るかもしれない」というより「来るに違いない」という感触です。だから豊田社長はこれだけの危機感を持ってスピーチしているわけですよ。

加藤：自動車産業に従事している550万人には、家族もいます。単に雇用の喪失になるだけではなくて、自動車に関連する産業、製造業なども合わせて、日本のGDPの25％をゴッソリ失うことにもなりかねないのです。この**製造業を大切にしない今の日本の方向性**っていったいどうなっているんでしょう？

岡崎：自動車産業だけじゃなく、日本の製造業で働く人全てが対象ですからね。

池田：だからＬＣＡ問題の影響を受けるのは５５０万人だけじゃない。１０００万人……いや、何千万人の単位ですよ。

加藤：**もはや日本経済が成り立たない。**

池田：何千万人の失業者がいる国というのは、国として成立し得るのか？

加藤：本当に恐ろしいですね。**日本の経済を牽引《けんいん》する自動車産業が、日本から出て行く**……身の毛もよだつ話じゃないですか。

岡崎：こういう話をすると「まさか、そんなことになるわけない」って思う方がきっと多いと思います。でも、実際にもうこれが十分起こりうるシナリオになっているということが、実に恐い話なんですよ。

池田：そうです。だから、僕らはこれだけ危機感を持って「**そんなことになったらどうするんだ**」と何度も言っているわけです。それに対抗するには、とにかく急いで日本の電源をＥＵの上位国並みにするしかないわけだけど、日本の政治サイドは全然それをやろうとしない。

岡崎：正面から向き合おうとしないんですね。

日本でものづくりが出来なくなるという理不尽

加藤：日本全国にこれだけ自動車工場の拠点があります（次ページの図６）。このうちの半分

図6 日本の自動車工場分布図

2020年3月31日現在

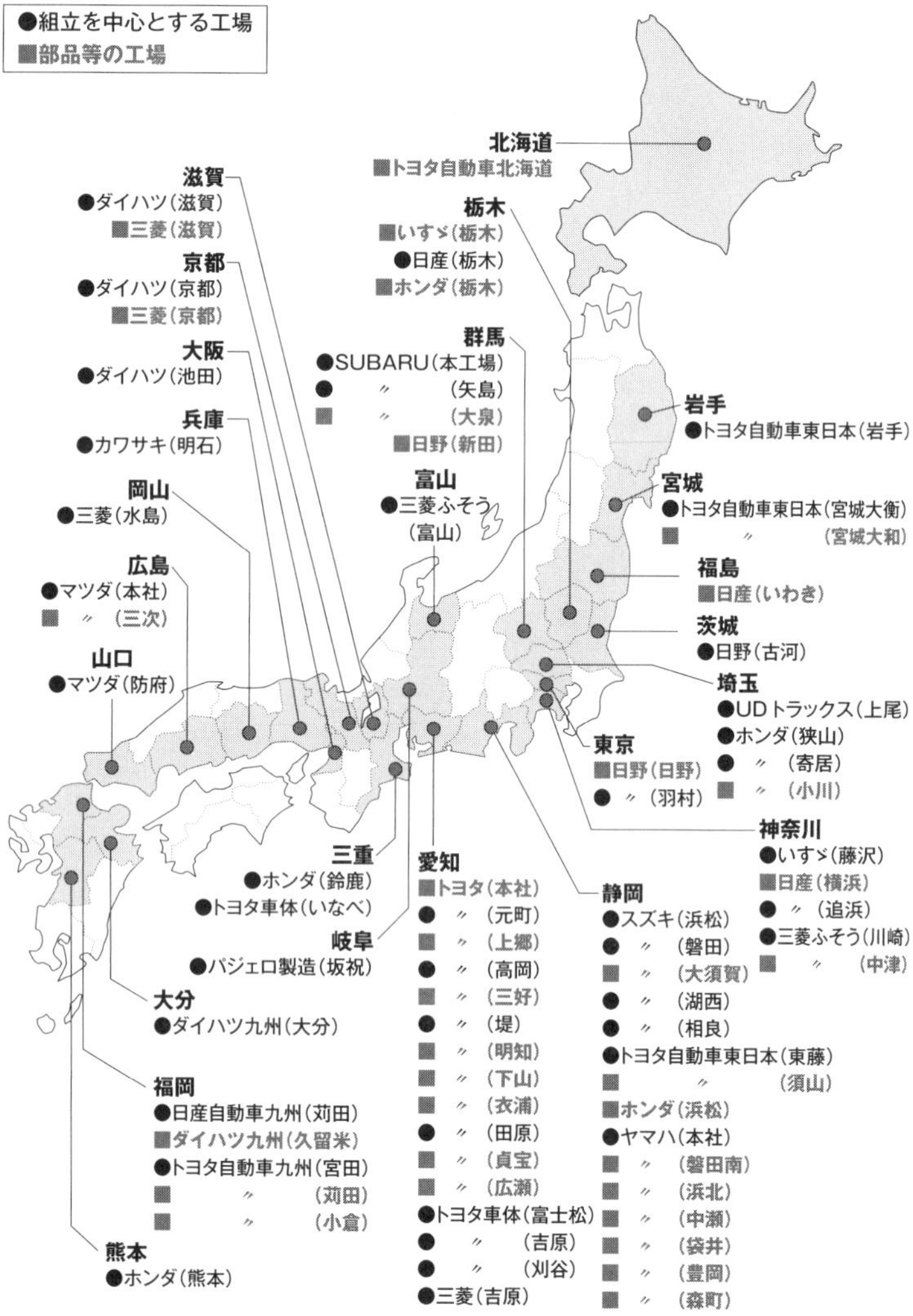

日本の自動車工場分布図：2020 年／出典：日本自動車工業会

が海外に出て行ったらどうなるのか？　これらの企業によって地域経済が支えられていることを政府はもっと自覚すべきです。**失業者が増え、日本のＧＤＰは下がり、日本国民全員が貧しくなる。**

池田：「中国製造２０２５」で中国は何と言っているか？「製造業は国の根幹で唯一無二のものである」と言っていましたよね。

加藤：そうです。中国は「強い製造業がなければ国家と民族の繁栄も存在し得ない」という「中国製造２０２５」の理念が**国家安全保障の基礎**とまで言っています。製造業を重要視しているわけです。

池田：ところが日本の今の状況は、自工会の豊田会長が「このままだと、日本とフランスで同じクルマを作っても、日本が負けてしまう」「日本の製造業は海外に出て行かなければならなくなる」とまで、声を張り上げて言っているのに、政治サイドは「お前らメーカーが頑張る問題だ！」と言っているわけですよ。

日本の政治家は、日本を守る気はあるのか⁉

加藤：今、中国はまさしく半導体、新エネ車、新素材など、「中国製造２０２５」の10項目において、覇権を握るための国家戦略を着々と準備し、実行しています。一方、日本はどうでしょう。3月に新設された〝気候変動担当大臣〟を兼務することになった小泉環境大臣の「EVや再エネに取り組まず日本の未来をどう描けるのか」「ガソリン車の海外市場が閉じていく」というご発言を見ても、私たちの暮らしを支える日本の重要産業を応援していく気概を感じられません（産経新聞『小泉気候変動担当相に聞く 社会変革で「エネルギー安保確立」』2021年3月17日付）。

岡崎：「ガソリン車の海外市場が閉じていく」って誰に聞いたんですかね？

池田：やっぱりVWのCEOのEV勝利宣言みたいなものを、彼みたいな〝ピュア〟な人は真に受けちゃうわけですよ。

加藤：この発言からは日本の製造業を盛り上げよう、日本のものづくりを応援しよう、日本のGDPをもっと上げていこう、という意欲や情熱が感じられないですよね。むしろ大臣が目指しているのは、世界の空気をきれいにすることという……。

岡崎：「自分たちが貧しくなってもいいから、世界のために……」というね。

加藤：そう、「世界人類平和、地球のために……」と。

池田：これは、日本民族丸ごと世界の環境の犠牲になるという、ある意味〝特攻精神〟ですね。

加藤：何度も言いますが、中国のCO2排出量は世界の約30％、日本はわずか3％ですよ。3％の国で、それも環境において一番厳しく真面目に取り組んでいる日本で、今後ものづくりが続けられないなんて、まったく理不尽な話ですよ！

岡崎：その通りですね。大きな声では言えないけど、内心では「ちょっとおかしくないか？」と思っている人は多いと思います。

池田：このＬＣＡというルールを持ち出してきたＥＵが、ゲームチェンジをたくらんでいるなかで、**今後日本はどう立ち振る舞うのかが問われている**と思います。「自分たちだけがＥＶ用のバッテリーを〝きれい〟に作れる方法」を編み出して、「他の国を全部トラップに引っかけてやろう」と**身勝手なルールを作り出したＥＵ**に対して、各国は今どうやって闘っていこうかと考えている。その潮流のなかで、なぜか日本だけは「その通りです」「地球をきれいにしましょう」とＥＵの言うことを聞く人たちが政治サイドにはいるんですよ。

「**そんな日本政府にはついていけない**」「**ＥＵのいいなりにはなりたくない**」**と、日本の製造業の皆さんが大反対の声を上げている**のに、政治家はまったく耳を貸す気がない……ということが最大の問題です。このＥＵのゲームチェンジプランを受けて、今後日本がどうしていくかは、実に政治手腕が問われる問題なのです。

加藤：日本の国をいかに守るのか、日本人の経済と暮らし、そして雇用をいかに守るのか……日本の政治家に最も欠けている問題意識です。

岡崎：いったいどういう精神構造をしているのか！

池田：きっと、ヨーロッパの人たちに褒められたいというメンタリティなんですよ。

加藤：国益を第一に、それこそジャパンファーストであってほしいですね。

池田：我々は別に「環境を無視しろ」と言っているわけではありません。ただ、向こうの表看板は「環境を良くしましょうね」であっても、**裏には明らかに〝ひっかけ〟が潜んでいる。**そんなこと、世界の人はお見通しなのに、日本だけがその表の看板だけを見ていてどうするんですか……ということです。

岡崎：日本の政治家たちが単に純真《ピュア》すぎるのか？　それとも何かしらの意図があって、あえてそう振る舞っているのか？　向こうが勝手なルールを作ってきたのなら、せめてそれに対抗するルールを作って主張するぐらいのことはすべきです。例えば、長野県や岐阜県、山梨県のような火力発電依存率が低い場所にある工場で生産される製品には、その地域のCO2排出量を適用させるとかね。EUのなかにあるスウェーデンで作った製品がクリーンなのであれば、日本のなかにある「長野県で作った製品もクリーンだ」という理屈は、ごくごく自然な主張でしょう。そのぐらいの主張をしないで何が政治家かと。

加藤：「EUの罠」「LCAというゲームチェンジ」が仕掛けられているなかで、日本の政治家は日本の国益のために戦う気があるのか？……国家の意志を問いたいですね。

第7章

トヨタという企業の真実
フォルクスワーゲンと
EUのトヨタ潰し

未来ネット / 旧林原チャンネル
配信日2021年5月17日（収録日3月30日）
より

トヨタという企業の真の姿

加藤：私はよくトヨタの豊田《とよだ》社長（自工会会長）の記者会見での発言を引用させていただくので、「加藤さんって豊田さんの応援団なの？」と言われることがあります。改めて、ここで訂正しておきます。そういう意図はまったくございません。そもそも私が最初に池田さんにお目にかかったときには、実はトヨタのことを色々と誤解していたところもありました。

池田：はい。そうでしたね（笑）。

加藤：日本の経済は「トヨタ一本足打法」と言われるぐらい、トヨタの業績に依存しているところがあります。

岡崎：世界企業番付のトップテンにいる企業［※1］ですからね。

加藤：だから、「トヨタが中国に工場を作った」「トヨタがハイブリッド技術特許を無償開放」「中国にＥＶの研究開発拠点をＢＹＤと合弁で作った」というニュースを見たときには「日本の大事なハイブリッドの技術や水素の技術が中国に持っていかれてしまうんじゃないか？」と非常に心配しました。つまり、「トヨタはグローバル企業として、日本を見限ってしまうのではないか……？」と憂慮《ゆうりょ》したわけです。最初に池田さんとお話をしたのがそれについてでしたね。

池田：思い出しました（笑）。

加藤：これまで私も、トヨタや自工会の記者会見をあまり注意して見てきませんでした。でも、ガソリン車廃止問題についての小泉大臣や小池都知事の発言を受けて、豊田会長が熱く記者会見で語られる姿を見たとき、本当にハッとさせられたんです。「トヨタは今、何を考えているのだろうか？」と。

ということで本章では、トヨタの「真の姿」といいますか、豊田会長についてだけではなく、トヨタという会社そのものについて、裏の裏まで知るお二人に（笑）、たっぷりお話をお伺いしたいと思います。

岡崎：はい（笑）。一つ確実にいえるのは、もし万が一、トヨタが潰れるような事態が起きたときには、それ以前に他の日本の自動車メーカーが潰れています。自動車メーカーに限らず、その他大小様々な製造業の会社も潰れています。そのぐらい社会的な影響力の大きい会社です。そのトヨタの社長、あるいは自工会の会長である豊田章男さんが、記者会見であれだけ危機感を表に出したというのは「**もうこれはトヨタだけの話じゃない**」ということです。トヨタだけに限るなら、海外に工場を持っていってしまえば、会社自体は生き残れますよね？　でも、そういうことじゃない。日本の製造業全体に対するものすごい危機感のあらわれが、あの記者会見なんです（記者会見の全文は第1章に掲載）。

※1　トヨタの生産実績（２０２０年度）
国内：約３００万台／海外：約５００万台。トヨタグループでは合計９５２万台となり２０２０年度は世界販売台数１位。世界でもトップテンに入る企業価値を持つ。

加藤：私は、製造業の現場が大好きで、工場に伺うことが多いのですが、日本の地域経済を支えているのはまさしく現場の人たちです。でも最近は、日本から組立工場がどんどん海外に出て、マーケットで生産するようになりました。次に部品工場、最後は素材だといわれます。もう心から心配になりますね。まして、**あのトヨタが日本でものづくりを続けていくことが出来ない可能性がある**と思うと……。こんな深刻な状況は、まさに百年に一度の危機であって、我々自身どのように考えていけばいいのかと、ずっと心配しています。

日本の応援団でいてください by 豊田章男

池田：トヨタだけに限らず、色んな自動車メーカーの経営陣クラスの方たちとお話をしていて感じるのは、皆さん、日本の繁栄をちゃんと考えていらっしゃるということです。自社の利益を考えるのは、企業だから当然です。でも彼らの経営目的は自社の利益追求だけじゃない。さっき、人から「トヨタの応援団」だと言われるというお話が出ましたが、僕もよく言われます。だけど、それは別にトヨタを応援しているんじゃなくて、日本の経済を応援しているんですよ。

加藤：まさに、そうなんですよね。

池田：我々がトヨタの応援をするのは日本の経済のためです。もしトヨタが日本の経済に仇《あだ》をなすようなことをすれば、それはもう思いっきりお仕置きします（笑）。以前、「我々はトヨタのためではなく日本の経済のためにモノを言っているんです」と原稿で書いたら、豊田社長と実際にお会いしたときに「どうか日本の応援団でいてください」「トヨタの応援団である必要はまったくないです」と言われました。これには感銘を受けましたね。我々はそうした会社の考えや行いを正しく伝え、もし誤解があれば解いていく……という作業を地道にやっていかないといけないと常々思っています。立場は違えども、国のことを思っている人同士が、お互いの誤解によって消耗し合う……そんな無駄な構造を何とかしたいんですよ。

岡崎：本当に海外、特に欧州は、前章でお話しした「LCA」という新たな概念を持ち出し、それをフックにして自分の地域の経済を強くしようと目論んでいます。まさに〝罠〟を張っているわけですよ。でも、そういう企みがあるのは当然です。中国は中国で、アメリカで、みんな〝自国ファースト〟でやっている。各国そういう魂胆があって、激しいせめぎ合いのなかで、世界の貿易経済はある一定の均衡を保ちながら競争をしていくわけじゃないですか。ところが日本の場合は、日本を有利に導く主張を相手にぶつけている様子がまったくない。

加藤：やはり、日本の企業が国内でものづくりを続けていくために〝どうしても守らなければいけないもの〟まで譲ってしまっているのでは……と危惧してしまいます。

岡崎：本来、日本の政治家は、豊田会長にこんなことを言わせちゃ駄目なんですよ。

加藤：本当にその通りですね。今世界は、半導体、レアアース、電池、これらの供給網の強化を意識しているでしょう？　バイデン米大統領も就任後、最初にサインしたのがまさにそのサプライチェーンの話で、「米国と利益や価値観を共有しない国々に頼るべきではない。供給網が圧力として使われないよう、信頼する国々と協力する」（朝日新聞 2021年2月25日）と述べています。自国にとって戦略的に重要な産業は守りぬく、同盟国と協力体制を作ることを明確に考えていますね。LCAに関していうと、EUだけが勝つこの仕組みを崩すには、やはりアメリカやインド、そしてオーストラリアなどの諸外国とコラボしていかないと崩せないんじゃないでしょうか。

岡崎：あと、ロシア辺りも自然エネルギーという意味では非常に不利な地理的条件を持っていますね。土地は広いけど、北国なので太陽が照らないじゃないですか。そういう国と組んででも、**「解決方法はLCAだけじゃない」**という主張を国際社会に強くアピールしていかないことにはどうしようもない。八方塞《ふさ》がりになってしまいます。

トヨタ（日本）とVW（ドイツ）の仁義なき戦い

加藤：やはりVWとトヨタは、これまでずっと世界のトップシェアを争ってきたわけですよね。ドイツが潰したいと思っているのは日本であって、トヨタを潰せば日本が潰れる、そんな意識で仕掛けてきているんでしょうか？

岡崎：そうですね。第6章で話したように、VWのCEOのディースさんが「電気が勝った！」と騒いでいたのは「ハイブリッドじゃなくてEVが勝つんだ」という意思の現れですよね。「水素も駄目、電気が勝つんだ」と。要するにそれは、**「何としてもトヨタを潰したい」「トヨタに負けたくない」という心の叫び**です。

加藤：一方で**ドイツは中国と組んでいる**じゃないですか？

岡崎：組んでいますね。

池田：基本的にドイツって昔から中国と仲がいいんですよ。しかし、ディースさんの発言の裏を考えると、トヨタのことを歯牙《しが》にもかけていないんだったら、こんなことを言うわけがない。

加藤：では、ＶＷとトヨタの戦いがこれから始まると……。

岡崎：そうです。

池田：というか、ＶＷはトヨタがかなり恐いんですよ。「放っておくとやられるから、やられる前にやれ！」と言っているわけですよ、簡単にいえば。

加藤：なるほど。トヨタもこれから全固体電池を製造するようになるわけですよね。一方、ＶＷも実際に今、バッテリー工場をＥＵ内に作り始めています［※2］。

岡崎：そこで問題になってくるのが、**「バッテリーの原料はどこからくるのか？」**です。それを握っているのは中国じゃないですか。

加藤：そうです。コンゴで採れるコバルトなど、世界中のレアアースは中国に握られています。

※2　ＥＵ域内に巨大バッテリー工場建設
ＶＷはノースボルト社（スウェーデン）に約1兆5300億円相当のバッテリーを発注（今後10年分に相当）。他のＥＵ企業からも大量発注あり（2021年3月21日付）

岡崎：「中国で作ったバッテリーはＬＣＡの基準だと〝汚い〟からＥＵには入れさせないよ」とＥＵ側が中国に一方的に言うと、今度は中国がＥＵに原料を売ってくれなくなります。だから、**今頃はおそらく水面下でドロドロの駆け引き**をやっているはずです。

加藤：なるほどね。

池田：これはあくまでも僕の個人的な見立てですけど、「中国製造２０２５」を中国が打ち出して以来、欧州はずっとそれを問題視して、中国に対する投資の規制をかける交渉をしてきました。それが２０２０年の年末、7年越しで交渉してきた「ＥＵと中国の包括的投資協定（ＣＡＩ）」を事実上無回答、つまり努力目標だけで締結してしまった。批判もあるなかで、12月30日の年末に突然締結です。急転直下でした。これを誰がやったかといったら、ドイツのメルケルさんなんですよ。バッテリー素材を貰う代わりにＥＵ側が切れるカードはそれだけだったんじゃないのかな、とも思ってしまいます。ただ、2021年5月20日にはさらに一転、ウイグルの人権問題が急浮上して、この協定は凍結しましたけどね。

岡崎：ウイグルの人権問題に対するＥＵの一致団結した制裁に際して、彼らは中国に非常に厳しいことを言っています。でも、これはあくまで僕の個人的な感想ですけど、**そういう人権問題さえも何かのカードとして、交渉の駆け引きに使う**んじゃないかと思えてしまいますね。下《げ》衆《す》の勘繰りだと思いつつも、やっぱりそう見えてくる感じはありますね。

加藤：世界は腹黒いですからねぇ。

ウイグル人権問題を含むなかでのＶＷと中国の蜜月

加藤：ＶＷは、巨大な工場を中国に持っているでしょう？
池田：ＶＷの利益の40％は中国ですからね、当然持っています。
加藤：ＶＷの工場って、ウイグルの人権問題、引っかからないんですかね？
池田：その話ですね（笑）。これは大変デリケートな話なのですが……それに関する噂話は色々あります。もちろんＶＷ側は認めていないのですが……。
　2012年ぐらいからＶＷが新疆《しんきょう》ウイグル自治区の区都にあたるウルムチという都市に工場を作り始めると（2015年完成）、「これはいったいどういう意図なんだ？」と訝《いぶか》しがる声があちこちから上がりました。というのも普通、海外企業、特に自動車のように運ぶのが大変なものを作るメーカーが中国に進出する場合、基本的には長江か黄河か、どちらかの流域に工場を作ります。なぜかといったら、水運で運ぶためです。だけど、ウルムチは相当な奥地にあり、サプライヤー（部品工場）も近くにないし、水運も使えない。北京まで運ぶぐらいだったら、隣国のカザフスタンに運んだ方が近いぐらいの場所です。そんなところに工場を作る理由は何か？……ここから先はあくまでも噂ですが、その工場でウイグル人の強制労働、奴隷労働が行われているという話があり、実際それを指摘・批判している人もいます。ただ、証拠はないですし、ＶＷ側も「同工場での強制労働や人権侵害はない」との見解を表明していますけどね……。

加藤：制裁の対象にならないのでしょうか？

岡崎：それがもし事実なら、「第二のディーゼルゲート並みの大問題に発展するかもしれない」と、色んなところで囁《ささや》かれていますね。

池田：もし何らかの証拠が出てきて、本当にウイグル人の強制労働が認定されたら……しかもドイツの企業がジェノサイドの疑いのあるウイグルで奴隷労働に加担しているとなったら、必ずかつての第二次大戦中の話に結びつけられて大スキャンダルになります。そんなことになったらVWは本当に存続の危機に追い込まれると思いますね。

加藤：中国共産党へのウイグル人権問題絡みの制裁には、米英に加えてEUも参加しているでしょう？

岡崎：そうですね。これはどうやったら制裁を解除するか、という取引に使えますからね。

池田：投資規制を緩めたのがアメだとすれば、制裁のカードを急に強く打ち出すムチもあるぞ、という交渉術です。

加藤：制裁に参加していないのは、日本だけでしょう。

岡崎：やり方がエグくて、とても日本人には真似が出来ない。

加藤：ちなみに、ソーラーパネルの材料のポリシリコンは世界のほとんどが中国産で、その5～6割が新疆ウイグル自治区で生産されているといわれています。バイデン政権は中国・新疆ウイグル自治区における強制労働を理由に、ソーラーパネルのメーカー5社を輸出管理規制の対象リストに加えました。サミットでもバイデン大統領は中国を供給網から外すことで参加国首脳たちに協力を要請しています。**グリーンと人権と、どちらをとるのか**。再エネに携わっている方は胸に手を当てて考えていただきたいですね。

池田：人権問題や環境問題に絡めて、裏では様々な交渉事が行われているのが世界です。

トヨタが日本からいなくなる日

加藤：それにしても、トヨタは非常に強い会社です。コロナ禍のこんな厳しい状況下なのに、財務状況はすごくいい。トヨタが今後ＬＣＡの影響で本当に大きなダメージを受けた場合、アジアではどうなりますか？　アジアの国々は、家庭用電源が十分に足りていないなかで、まだＥＶ化には時間がかかるでしょうから、日本車が今後とも強いんじゃないでしょうか。

岡崎：トヨタは、何があろうとおそらく大丈夫です。問題は、「今後も日本にいるかどうか」です。

加藤：なるほど。……でも本当に日本からトヨタがいなくなるのでしょうか？

岡崎：残念ながらその可能性はありますね。

池田：そうなるかどうかは、これから政府が決めていく規制がどうなるかに、かなり依存すると僕は思っています。

加藤：となると、ますます**豊田会長の記者会見の言葉は重い**ですね。これは、本当に……。

池田：重いですよ。

加藤：ものすごく重い。

岡崎：各メーカーの輸出比率の表があったじゃないですか（第6章216ページの図5参照）。あれを見てもメーカーによってだいぶ違う。トヨタ、スバル、マツダは日本で相当たくさん作って、輸出しています。

加藤：日産やホンダは海外で生産している割合が多いけれど、スバルやマツダは国内生産の割合が多いのですね。

岡崎：トヨタなどは特にですが、なぜ日本で自動車を作るのかといったら、**日本の雇用を守る**という意図が第一にありますよね。ホンダは結構海外に工場を持っているんですが、国内にも鈴鹿工場という大きな工場があります。「日本で売るための軽自動車は何としてでも国内で死守」という信念で今もやっています。マツダは広島の地場産業を支えている会社でしょう？

加藤：そうですとも。地域の、広島の誇りです。

岡崎：だから、そう簡単には海外に移転しないと思います。日産は、外資系に近い考え方でドライな印象がありますが、それでも東北に工場を持っていますし、追浜（神奈川県）や九州などにも工場があります。そう考えると、日本の自動車メーカーはもっと海外に出て行ってもいいはずなのに、それでも踏みとどまっている。やはり日本という〝国〟を、しっかり考えているわけです。ただ、そのなかでもトヨタは別格だと思います。

加藤：そうですね。国内の「自動車工場分布図」（第６章２２０ページの図６参照）を見ても本当によくわかります。

池田：トヨタ、スバル、マツダの３社は、国内生産のクルマの約半分を輸出しています。その背景にあるのは、さっき五朗さんが言われた通り、国内雇用を守るということが一つ。そしてもう一つはマザー工場、すなわちクルマの製造技術を日々向上させて、**自動車の未来を切り拓いていくための工場は絶対日本に置くんだという姿勢**ですね。トヨタが言うには、３００万台の生産規模がないと、技術を開発・維持していけないそうです。輸出分を海外工場での生産に切り替えたとたん、その海外のどこかにマザー工場が移るんですよ。

加藤：それは大問題ですね。

岡崎：日本の技術も一緒に海外に出て行ってしまう。

加藤：やはり何といっても、製造時における改善は大切です。**イノベーションは現場から生まれるのであって、オフィスからは生まれない**のですよ。どの製造業でもそうです。いつだって現場から生まれてくるのです。

ＬＣＡに対抗するための日本式ルール作り

岡崎：ＬＣＡという新しいルールにいかに対処していくのか。日本の電源をクリーンにしていくことも、目指すべきだとは思いますが、それだけでは不利な状況は続くばかりです。アマゾンやテスラなどの企業が「うちの会社は100%クリーンエネルギーでモノを作っています」といった発言をすることがありますよね。それを聞くたびに「実に偽善的」といいますか、「アメリカという一つの国のなかにある、一つの企業の工場だけがクリーンな再生エネルギーでモノを作っているからといって、何か意味があるの？」と、いつも不思議に思うんですよね。

池田：そこが大事なところです。LCAのルールは、まだ完全に決まっていません。どういうルールになるか決まっていない、いつから始まるかも決まっていない。だけど、どうもそれが通りそうだという状況のなかで、日本政府は先手を打ってタフ・ネゴシエーションを始めなくてはいけないんですよね。

岡崎：まさにそうです。「相手のルールに呑まれるな！」と言いたい。

池田：日本が生き残るためには、**日本の製造業、特に輸出産業が確実に生き残れるルール作りを、EUやVWの首脳陣のなかにあらかじめ忍び込ませておく必要がある**わけです。

加藤：といいますと？

池田：日本の再生可能エネルギーの総量って結構ありますよね。割合こそ全体の20%ほどですが、トータルの電力消費はそこそこ大きい国といえます。なので「その再エネの電力を、産業に優先的に割り当てている」という表現は出来ますよね。

岡崎：なるほど。例えば「国内で賄うサービスの基本的な電力には、石炭の電力を割り当てましょう。でも、輸出する工業製品を作る工場には、再生可能エネルギーを割り当てましょう」というルールを作るということですね。これはあくまで書類上のことですが。そうしたやり方で**輸出産業に100%クリーンなエネルギーを割り振る**ことが出来れば、輸出産業の生き残る道があるかもしれない。

池田：あくまでも、ルールの勝負です。

加藤：ルールにはルールで対抗すると……。

池田：そんなふうに日本が生き残るためのルールをEU側に突きつけて、「これを認めてくれないんだったら強行に反対するぞ」とタフな交渉をやるべきなのに、日本の政治家たちは素直にCO2削減のことばかり言うわけでしょう。

加藤：やはり交渉力ですね。

岡崎：そもそも政治家は輸出に関わっていないんだから、ポーズでEVに乗る必要はない。小泉環境大臣もまさに〝テスラの宣伝マン〟のような発言をしていますが、彼らの仕事は日本の国益を守ることです。そのためには日本の製造業を守らないと。

加藤：そういえば、千葉県市川市の市長（村越祐民氏／元民主党衆議院議員）が公用車にテスラを買って批判を浴びていましたね……。製造業が生き残れないということは、日本が先進国でいられなくなって、日本経済そのものを失うということがなぜ彼らはわからないのか。製造業がなかったら豊かな暮らしは出来なくなるというのに……。

日本企業の海外流出を食い止めるには、電力改革が鍵

池田：そもそも電力には色がついていません。再エネで作った電気が別の電線から流れてくるわけではない。全部混ざっています。だから総量で辻褄が合っていればいい。「海外輸出産業分にはこれだけ再エネを使っています」と書類上で振り分ければいいんです。その分だけ電気料金が高くなったとしても、企業側は納得すると思いますね。

加藤：でも、日本はすでに電気料金が高くないですか？

岡崎：高いですよね。電気料金に関しては、面白い話があります。ドイツは再生可能エネルギーが比較的多いこともあって（再エネ割合47％／2020年）、日本よりも家庭用の電力がかなり高いんです。でも、産業用の電力は日本より安い。

加藤：ドイツは国内産業の競争力を維持するために、戦略的に重要な鉄鋼などの電力多消費産業の電気料金を減免して、安価な電気料金を実現しているそうですね。一方、自治体の担当者が「日本で製造しましょう。海外から日本に戻ってきてください」と企業誘致に赴《おもむ》くと、そこで気が付くのは、日本はそもそも、**電気も土地も税金も社会保障費も全てにおいて高い**ということです。それに加えて、労働規制、環境規制がある。工場ひとつ建てるだけでも、本当に大変です。国際的な競争力があるのは、水だけです。日本は、水だけは豊かですからね。

岡崎：ドイツは、表も裏もあらゆる手を使って産業をバックアップしているように僕らには見

えます。それに対して、日本はどうなのか。少なくとも「足を引っぱらないでくれ」という状況じゃないですか。

池田：再生可能エネルギーの料金は確かに高い。でも、さっきも言ったように「輸出産業の何千億が海外に流出してしまう」「一千万人単位の人が失業してしまう」といった〝緊急事態〟を防ぐためだったら、電気料金は税金で賄ってでも何とかすべきです。

加藤：それはその通りです。

池田：もはやこれは、被害の程度の問題なので、柔軟に対応していただきたいところですよ。

岡崎：こういう話を聞くと、おそらく「そんなことといったって世界の潮流がそうなっちゃっているんだから抗《あらが》いようがない」と思われる方もいらっしゃるでしょう。だとすれば尚更、我々は何か手を考えていく必要があります。さっきも言ったように、電気には色もついていないし、それぞれに名前がついているわけでもないんだから、**輸出産業用にクリーンな電気を書類上分類して割り当てる**という、そのぐらいの知恵は出していかなければいけないですね。

加藤：日本の製造業を応援するために、クリーンな電力を率先して割り当てる。それはおそらく日本政府がやらなきゃいけない最低限のことでしょう。

岡崎：家庭でクリーンな電気を使う必要って、あまりないんですよね。

池田：もちろん理想は全部がクリーンになるのが良いかもしれませんけど、現実的には間に合わないし、コストも高い。しかし、世界ではどんどん我々にとって不利なルールチェンジがなされていく。そのなかで、日本が生き残っていくためには、とにかく**輸出産業につく重石《おもし》を出来る限り軽くしてあげること**です。そのためには「国民の皆さん、あなた方がクリーンな電力を使っても日本にとってメリットはありません。輸出産業が海外へ行ってしまいます。ここは申し訳ないですけど当分は石炭の電気を使っていただけないでしょうか。料金はお安くしますから」という方向に政府がもっていくべきですね。

トヨタの新型ＥＶ開発と「ウーブン・シティ」構想

加藤：トヨタも電気自動車を色々と開発しています。軽より小さな新規格のクルマ「Ｃ＋ｐｏｄ」（シーポッド）はすでにご紹介しました。他にもスズキ、ダイハツとの軽ＥＶの共同開発を発表したり、スバルとのＥＶ共同開発「ｂＺ４ｘ」を発表したりしています［※３］。

岡崎：そうですね。あとはレクサスが「ＵＸ３００ｅ」というＥＶを出しました。そんなに大きくないクルマですけど、これがトヨタグループのＥＶ量産第一号になるのかな。トヨタだってＥＶは当然やるんですよ。欲しがっている人、必要な人たちがいるなら、メーカーとしてそれを作るのは当然ということですね。

加藤：トヨタのＥＶにも期待したいですね。

池田：トヨタはハイブリッドとＥＶの二刀流で状況を打開しようと思っているのではないで

トヨタ「bZ4x」 画像提供：トヨタ自動車

しょうか。ＣＡＦＥにしても、ＬＣＡにしても、原点は「パリ協定」です。パリ協定には〈２０３０年目標〉と〈２０５０年目標〉という２つの目標があります。30年目標は中期目標、50年は長期目標です。中期目標は「CO_2をおおよそ半減させます」というもので、長期目標は「CO_2をゼロにしましょう」というものです。

CO_2をゼロにするのは、確かにハイブリッドじゃ出来ない。だけど、２０３０年までにとにかく半減させるという目標は、ＥＶじゃ出来ないんですよね。そういうスケジュールのなかで、おそらく**日本の自動車メーカーは、２０３０年までの戦略と、その先の２０５０年までの戦略を分けて考えている**。メーカーは、２０３０年以降に備えるための〝真打ち〟のＥＶを出すつもりで今着々と準備しているわけです（「パリ協定」については第８章で徹底解説します）。

加藤：なるほど。静かに進行しているのですね。

※３　トヨタ ＥＶの新シリーズを発表（２０２１年４月14日）
トヨタは２０２５年までに15車種のＥＶを市場に投入する。そのうち７車種は新シリーズの『ＴＯＹＯＴＡ ｂＺ』（トヨタ ビーズィー）。その第１弾はスバルと共同開発のＳＵＶ「ｂＺ４ｘ」（ビーズィーフォーエックス）の予定。

トヨタ「レクサス UX300e」画像提供：トヨタ自動車

池田：それで、「小さいバッテリーのＥＶだったら今のコストでも成立するよね」と出してきたのが「Ｃ＋ｐｏｄ」。２０３０年までの間はハイブリッドを普及させて、とにかく実質的なＣＯ２を他国に先駆けてどんどん削減しているわけです。それと同時に、長期目標に向けたＥＶは現在、各社が色々作っています。だから、トヨタもＥＶを当然出してくる。これまでトヨタは何度も説明しているんですよ、「我々はＥＶやってます！」と。

加藤：なのにメディアは……。

池田：そう、「ＥＶ出遅れ」と。

加藤：「出遅れ」「ガラパゴス」と、しつこく言い続けるわけですね。

池田：現実に、今より遡《さかのぼ》ること10年前にＥＶを出した日産の「リーフ」はバカ売れしていますか？　最近は少し良くなってきていますけど、特に立ち上がり直後などは本当にかなり厳しかった。そのモーターを含めたユニットを使って「e-POWER」というハイブリッドを別に作らなきゃならないぐらい苦しかったわけです。だから、何でも早ければいいというものじゃない。〝適時〟です。タイミングのいいときに出していく。

加藤：それはそうですね。ＥＶはまだマーケットとしては成熟していないわけですからね。新聞とテレビでは毎日のようにＥＶ、ＥＶと騒いでいますから、ＥＶに乗ってみたい人は潜在的には多いと思いますよ。実買につながるかどうかは別ですが。

池田：今後ＥＶが安くなるのかどうかに興味を持っている人はたくさんいます。私がＥＶ推進派の方に伺いたいのは「ＥＶは何年になったら安くなりますか？」ということです。今一番、ファミリーカーとして売れているクルマは３００万円以下ですが、ＥＶがその値段になるのは、果たして何年後なんですかね？

加藤：そんなこと、答えられるわけがない。

池田：だから、日本のメーカーがこれからやろうとしている計画に、まずはちゃんと耳を傾けるべきです。それを聞きもしないで、「とにかくお前らは世界から遅れている。お前らのやることなんて駄目に決まっている」と一方的に決めつけるのは、あまりにもガサツな考え方だと思います。

加藤：仰る通りですね。トヨタはじめ日本の各メーカーには、これからますます頑張ってもらって、幅広い種類の色んなクルマに挑戦していただきたい。

ところで、挑戦といえば、今度トヨタが静岡につくるという「ウーブン・シティ」［※4］が

※4　ウーブン・シティ
トヨタが開発する近未来スマート都市「Woven City」。静岡県裾野市の工場跡地に建設。２０２１年2月着工式が行われた。水素による発電、ＡＩによる自動運転等含め、街全体がクリーンで全自動化する実験的な街作りを目指す。

注目を集めています。そこでは先進的なモビリティライフが実現出来るようですね。

池田：「ウーブン・シティ」では、例えば、無人の自動運転のＥＶによって荷物を搬送するシステムが、あらかじめ街に組み込まれています。路面上は、「クルマ専用」「人専用」「人とクルマの混走領域」という、３本のルートで街路が編まれているんです。さらに、地下のルートもあって、そこには完全無人運転のＥＶが走る。なぜ地下を走らせるのかというと、表を走っていると「西日で逆光が強く、カメラでうまく映像が捉えられない」「激しい雨や風でクルマの進路が乱される」「制動距離が変わる」などの問題が起きるからです。だけど、地下道だったら条件は常に一定で変わらず、歩行者も人が運転するクルマもいない。だから、自動運転のクルマを現実的に運用するには、そうした方が都合がいいんですね。インフラ側とハードウェア側を両方合わせた形で、実用の領域にどうやったら持っていけるかを、ウーブン・シティのなかで実験しているわけです。

ウーブン・シティ（イメージ図）画像提供：トヨタ自動車

加藤：なるほど。スマートシティ構想というのは、あらかじめ街そのものを作る段階から設計すべきということですね。

トヨタvs.ＶＷの行方、世界一を争う戦い

加藤：トヨタとＶＷは毎年トップシェアを争っていて、世界販売台数は共に年間約１０００万台、売上げ高30兆円とほぼ互角です。しかし、先ほど話題にあがったＬＣＡ規制というのは、要するにＶＷ側がトヨタに勝つ戦略を立てたわけですよね。これに対してトヨタはどのように対抗するのでしょうか？

岡崎：「世の中のユーザーたちがどういうクルマを求めているのか？」に対応していくことが第一だと思います。でも、国がＥＶに極端に有利な、ＥＶを買うしかなくなるような規制を組むようなら話は別です。例えば、イギリスは実際にそれをやろうとしています。２０３５年には、ハイブリッドも含めたガソリン車禁止、あるいはロンドン市内の中心部に乗り入れ禁止とかね。でも、そうした規制のない国や地域でＥＶがどのぐらい増えていくかは、はっきりと予測出来ていません。各機関がシミュレーションを出していますが、２０３０年の時点ではだいたい10～25％と予測している。どこも「ＥＶ１００％」だなんて言っていない。

　だから〝ＥＶをやった者勝ち〟という状況には、まだまだ全然ならないわけです。僕はクルマの専門家としても、ＶＷのクルマがずっと大好きで、自分でも何台も買ってきました。だけど、最近のＶＷは、かつての良さがなくなってきています。おそらくディーゼルゲートへの賠償金とＥＶ投資で、従来のガソリンエンジン車などは、今までだったらやらないようなあから

さまなコストダウンをしてきています。VWの稼ぎ頭は今後もしばらくはガソリンエンジンあるいはハイブリッド車なので、そこでコケるとどうなってしまうかわかりません。その意味では、トヨタはVWより強いです。

加藤：となると、少なくとも2030年、2035年ぐらいまでは、トヨタがVWを引き離すと？

岡崎：バッテリーの価格が劇的に下がって、性能が劇的に上がって、充電インフラが劇的に改善されないかぎり、**VWの賭けは失敗に終わる確率が高い**でしょう。

池田：トヨタはマーケットに合わせると言っているわけです。つまりお客さんが買ってくれるクルマを作る。それがハイブリッドだったらむしろ「ほら見ろ」ですが、EVだったらどうするか？　トヨタは「EVが求められれば、すぐに車種を増やす」と言っています。それを「そうなんだ」と受け止めるか「出来るわけない」と受け止めるかの違いだと思います。私のようにトヨタの経営取材、技術取材をしている身からすると「もうそんなことまで出来るのか」と驚かされるわけですね。オフレコで聞いている話もあるから、全部記事化出来るわけではないですけど、調達でも技術でも、それはまぁ緻密な戦略がガチガチに出来ています。

加藤：トヨタには対抗出来る戦略があるということですね。

池田：そんななか、一番不安なのは、日本政府がドイツ（EU）に付きかねないということですよ。

加藤：日本の政府が？　ドイツに!?

池田：〝意図的に〟ではなく〝結果的に〟です。日本の政治家はお人好しなので「そうですよねぇ、やっぱり環境が大事ですよね！」と、ＥＵや国連に騙されていやしないかということです。気がついたときにはトヨタに敵対的なことをしてしまったり、トヨタだけじゃなくて日本の製造業全体に敵対的なことをしたりしかねない。特に環境省関連のコメントを見ていると、そう思います。

加藤：もう少し日本の経済を支えている現場を見てほしいです。彼らには働く人たちの顔が見えているのでしょうか。日本の国力を高める気があるのでしょうか。事態は深刻ですね。

岡崎：外国にいい顔をするのが政治家の仕事ではなく、**自国の国民が豊かになり幸せになることに全力を尽くすのが、本来の政治家の役目**だと思います。

加藤：そう、それが圧倒的に欠けていますね。まさしく日本の経済を安定させること、それからやはり雇用を増やすことは非常に重要です。雇用は我々の日常です。それがなくなる恐れがあるなかで、「人類のためなら日本を貧しくさせてもいい」という自己犠牲の精神だけでは国民はついていけません。それは日本の政治家の役割じゃないでしょう。

岡崎：康子さんが月刊「Ｈａｎａｄａ」で書いていらっしゃったように（加藤康子「小泉進次郎がＥＶで日本を滅ぼす」／「Ｈａｎａｄａ」２０２1年5月号掲載）、「カーボンニュートラル！」と大声で言っていれば名が上がる……ということが常識になっちゃうと、国民の一人としては、本当に悲しいことです。

池田：環境問題に名を借りた経済戦争が、すでにバンバン仕掛けられています。その口火を切ったのは中国です。一方、米国は中国とやり合うために経済封鎖の道をとりました。欧州は環境規制で締め上げて、EUに有利な陣形を作り上げようとしています。そのドンパチやっている最中に、ボーッと突っ立っているのが日本の政治です。むしろ、競争相手である彼らの言い分を真に受けて、環境のために国の経済活動を縮小しようとしているようにさえ見えます。「製造業なんてオールドエコノミーだから」なんていう間抜けな発言が漏れ聞こえてくると、**「本当の敵は〝無能な味方〟」**という言葉を噛みしめますね。

加藤：そういった状況を多くの国民に気付いてほしい。EVを推進することよりも、どうすれば日本の自動車メーカーが次の時代に生き残っていけるのか、どうすれば日本でクルマづくりをしながら世界で戦っていけるか……ということを国民と一緒に考える、そういう政治であってほしいと心から願っています。

第8章

パリ協定の嘘！実現不可能なCO2削減目標を掲げるのはなぜか？

未来ネット / 旧林原チャンネル
配信日2021年5月22日（収録日3月30日）
より

「パリ協定」を正しく理解する

加藤：『EV推進の罠』と題して色々お話ししてきましたが、そもそもEV化、脱炭素、CO2削減の根拠になっている「**パリ協定**」とはどういうものなのか、一度わかりやすくおさらいしておきたいと思います［※1］。

岡崎：いまさら聞けないところもあると思うので、これについてはしっかり押さえておきたいところですね。

池田：メディアに騙されないように、ぜひ自分の判断基準を持っていただきたいです。そのためにはやっぱり基本となるパリ協定は大事ですね。

加藤：パリ協定が2015年に採択されたあと、2017年4月に経産省が『**長期地球温暖化対策プラットフォーム報告書**』を発表しています。これを読むと、4年前に日本の官僚の方々がパリ協定をどう見ていたかがわかります。また、問題の本質をよく捉えている中身なので、こちらを紹介しながら皆さんと一緒にパリ協定について考えたいと思います。

岡崎：この話題に行く前にひと言。読者の皆さんも一度はどこかで見聞きしたことがあるかと思いますが、「**そもそも地球温暖化なんて嘘だから**」という主張があります。これは「もしかしたらそうかもしれないし、もしかしたら違うかもしれない」という、真実がまだはっきりしない話です。「神はいるのか、いないのか」みたいなもので、本当の答えは今すぐには見つからない。我々はあくまで自動車の専門家ですから、あえてそこには踏み込まないと池田さんとも決めています。だから、パリ協定について議論するときには「ひとまずパリ協定で締結されている現実をベースに考えていくことにしよう」ということにしています。

加藤：確かに地球温暖化と温室効果ガス（大半がCO２）の関係は、学術的に確立された話ではありません。そもそも温暖化しているのかどうかも含めて、政府機関のなかでさえも多説あります［※２］。

環境の専門家で、この問題に深く関わって来られた東京大学名誉教授の渡辺正先生に先日お話を伺いました。先生の「地球温暖化は放置すべき」という学説も紹介したいくらいなのですが(笑)。

※１　パリ協定（２０１５年12月～）
気候変動抑制に関する多国間の国際的な協定。１９６カ国が加盟。各国がCO２削減目標を掲げることを義務付けされているが罰則規定はない。
・産業革命前からの世界の平均気温上昇を「２度未満」に抑える目標を掲げ、加えて平均気温上昇「１・５度未満」を目指す。（第2条1項）
・各国は削減目標を作成・提出・維持する義務と、当該削減目標の目的を達成するための国内対策をとる義務がある（第4条2項）

※２　地球温暖化はCO２の増加が原因なのか？
温暖化の主な原因が、近代の人間活動によるCO２増加とされているが、気候変動は自然現象だという説もある。CO２は有害物質等ではなく生物にとって極めて重要なガス。渡辺正教授は「温暖化対策はかえって社会に害をなすもの」と説く。

岡崎：そのお話、興味ありますね（笑）。

加藤：ただ今回議論するのは、あくまでパリ協定を前提として「パリ協定で実際に謳《うた》われていることが実行されたならば、これから日本はどうなるのか？」また、「実際に実行しなければならないことなのか？」ということです。私も経産省の役人の方たちに何回も確認しましたが、それぞれの国が提出している自己目標が未達であったとしても、何らペナルティはありません。「ペナルティはないけど、真面目な日本政府が厳しいハードルを自ら課して実行しようとしている」というのが私の理解です。

岡崎：その前提でパリ協定の中身を見ると、驚愕《きょうがく》してしまうわけですね？

池田：はい。パリ協定は2015年に採択された「国際気候変動会議」という枠組みのなかで決められました。同会議で何が決まったかというと「産業革命以前と比較して、地球の平均気温の上昇幅を2度までに抑えましょう。出来れば1・5度までに抑えたいよね」ということ。これが全てです。

では、その「2度」や「1・5度」という数字がどうやって決まったのかというと、正直よくわからない。また、その目標をどうやって実現するのかというと「各国の皆さんがよく考えてプランを提出してください。そのプランがあまりにもヒドいと、世界のもの笑いになりますよ。ということで、あとはよろしく！」というトンデモない協定なんですよ。

岡崎：だいぶわかりやすくなりましたね（笑）。

パリ協定の嘘を見抜いた2017年の経済産業省

池田：日本では経産省が試算した結果「2050年までには、温室効果ガスを2013年に対して80％削減しなきゃ駄目」という結論に達しました［※3］。
岡崎：5分の1にしようということですね。
池田：この「80％削減」は、多分日本のことだから「こうやると達成出来るのではないか？」と極めて真面目に計算して出した数字だと思います。当時経産省がどう考えていたかは、この報告書に書いてあります。ちょっと読み上げますね。

「長期戦略は目指すべきビジョンである」

（長期地球温暖化対策プラットフォーム報告書／2017年4月　経済産業省／より抜粋）

池田：つまり2050年の長期目標は「〝ビジョン〟でしかない」と言っているわけですね。

※3　**日本政府が2016年と2020年に発表した内容**
2050年までに80％の温室効果ガスの排出削減という長期的目標を掲げる（2013年比）。「地球温暖化対策計画」（2016年5月13日閣議決定）→これを菅政権は「2050年までにゼロ目標」に引き上げた（2020年10月26日　就任後初の所信表明演説）。

「不確実性と共存しつつも、未来を自らの手でつかみ取る「強さ」と、国内外の情勢変化に合わせて柔軟に行動する「しなやかさ」を兼ね備える必要がある」
（前掲書）

池田：ようするに「やっていく意志がまず大事だけど、目標に届かない場合もありうることを想定して、柔軟にゴールを変えていく方向でもいいんじゃないか」ということでしょうか。

岡崎：いやぁ、これを書いた人は素晴らしい文章能力をお持ちですね。かなり優秀です。「出来るか、出来ないか。出来ないならばやらなくてもいい」っていうのを「しなやかさ」と表現するのは素晴らしい（笑）。

加藤：非常に奥行きのある文章です（笑）。

池田：つまり「出来ないこともありえます」って言っているわけですよね。もう少し続けますと……。

「パリ協定で否定されたカーボン・バジェット[*1]からのバックキャスト[*2]は、不適切である」
（前掲書）　＊1カーボン・バジェット：温室効果ガス排出量の上限値　＊2バックキャスト：未来から逆算すること

岡崎：バックキャストとは、簡単にいうと「2050年に80％減らすなら、約15年のクルマの寿命から逆算して、2035年には相当数のEVを作っておかないと駄目だよね」という考え方です。でもそれは「不適切である」と、経産省はこの時点で言っています。

池田：もっというと「無理だろう」ってことです。これはかなりハッキリ言ったと思います。日本が批准《ひじゅん》した国際的な枠組みに関して、経産省がこんなにネガティブかつアグレッシブなスタンスをとるのを僕は見たことないです。
岡崎：仮にやったらどうなるのか？
池田：そこですね。経産省はこの報告書で何を書いているかというと……要約しますね。

「現時点ですでに確立している技術を全部導入して、あらゆるジャンルで脱炭素に取り組んだとします。例えば、家庭は全てオール電化。オール電化ではない家はガスも石油も禁止します。電力も化石系のエネルギーは全部禁止です。それからクルマも内燃機関のものは一切駄目。とにかくありとあらゆる部門について、全てのエネルギーを転換し、発電なども含めて国中で脱炭素を推進したとすると……」

「80％削減という水準においては、農林水産と2、3の産業しか国内で許容されないことになる」

（前掲書）

池田：と、結論付けているわけです。
加藤：恐ろしいですね。
池田：かなり凄いでしょう？

加藤：別の意味での産業革命ですね。蒸気機関は世界を変えました。でもこれは蒸気の時代よりも前に歯車を戻すような話ですからね。

池田：人間にとって絶対必要な2、3の産業のなかには、医療や教育など、最後の最後までなくすわけにはいかないものがあります。なので、自動車産業なんてあってはいけないわけです。鉄鋼業や観光、エンタメなどもそうです。

岡崎：農業だって、化学肥料、トラクター、野菜の運搬、ビニールハウスなど、CO2を排出しそうなものはたくさんありますよ。

池田：「ビニールって何から出来ているの?」ってね（笑）。

岡崎：そうそう（笑）。ビニールやプラスチックが石油から出来ていることを小泉環境大臣が「意外にこれ知られてない」と発言して、ネットでは少し炎上していましたけど、結局そういう話になってしまうわけですよね。

国民への説明と議論がなされないまま進む脱炭素政策——政治の暴走

加藤：この報告書を見ると「**温室効果ガスの80%削減**なんて、**現実的**にまったく**不可能だろう**」**ということを経産省も認めている**わけです。

池田：興味深いのは、この報告書が、今みたいに脱炭素が政治の綱引きの道具になる以前に発表されたものだということです。外野から余計な横やりが入らない段階で、専門家がフラットに分析した結果がそこには書かれています。

加藤：こういう重要な問題は、侃々諤々《かんかんがくがく》議論をして、国民がきちんと理解をしたうえで進めていかなければなりません。それなのに、国民的議論が始まる前に、勝手に国際公約になっているのが残念です。「２０５０年カーボンニュートラル宣言」といった具体的なターゲットを出して、中身がわからないまま、それが法律で決められていくと、国民は身動きがとれなくなる。おかしな制度設計が進むのではないかと心配しています。

岡崎：２０２１年４月に菅首相（当時）はアメリカに行って、バイデン大統領と会談しています。そこで何を言われたかわかりませんが、その後の気候変動サミットでは、２０３０年の排出削減目標を従来の26％減から大幅にゲタを履かせた46％減に引き上げてしまいました［※４］。これは国際公約ですからね。

池田：今の政策を決定している人たち、まさに交渉する人たちは、この経産省のレポートを一

※４　**日本政府は２０３０年までに46％削減、50年までにゼロ目標**
２０２１年４月22日の気候変動サミットで菅首相は、温室効果ガスの削減を、従来の２０１３年比26％減から、46％減へ目標を引き上げた。また２０５０年までにはゼロ目標を掲げる。なお、46％という数字の根拠に関しては明言せず、小泉大臣は「おぼろげながら浮かんできた」数字であると発言し、非難を浴びた。

読したことがあるんでしょうか。読んだうえで、それでも進めるべきだと言っているのかどうか。そしてそれを国民に堂々と説明出来るのか。「リスクはあるけど、それでもやらなければいけないことなんだ」という説明をしていますか？　していないでしょう！

加藤：「日経」をはじめとして、大メディアが「脱炭素」の反対意見を一切掲載せず、宗教のように毎日礼賛するので、実際に製造業に与えるダメージを理解しないまま、国民的な議論もなしに、色々なことが進行しています。脱炭素で儲けられるような話ばかりが先走って、メディアも「ＳＤＧｓ」「持続可能社会」といったイメージの良い言葉を広めています。結局、実態が何かわからないまま、**どういうインパクトが国民経済、暮らし、雇用に起こり得るのかを国民が理解しないまま、ムードで話が進んでいく**。実に恐ろしい話ですね。

岡崎：そうです。だからヨーロッパもアメリカも「グリーン・ニューディール」等を謳っているわけです。そういう類のものは全て現実を無視して、「全てうまくいくぞ」と喧伝《けんでん》されます。「クリーンな世の中になったら、みんな豊かな生活が送れますよ」と、良いイメージばかり広めて〝理想〟だけを語る。一方で、これまで積み上げられてきた〝現実〟というものがある。この二つの乖離の大きさを、もっと多くの人々が知るべきなんですよ。

加藤：日本には製造業がもたらす富があり、インフラも整備されています。水も空気もきれい。そういう国で豊かな暮らしに慣れている人のなかには、「文明社会を捨てる」ということが何を意味するのかわからない人も多いと思います。

池田：脱炭素を進めると、製造業がなくなるというレベルにとどまらず、ほとんど全ての産業がなくなってしまいます。言ってしまえば官庁だって、農水省と総務省以外全部いらないんですよ。産業がなくなるんだから、経産省なんて絶対いらない。

加藤：日本から富がなくなって、我々は貧しい生活を送るようになるかもしれません。そうなると、日本がＧ７どころか途上国になって、外国にお金の無心をしに行かなければいけない時代が来るかもしれないですね。

パリ協定の裏で進行する世界各国の思惑

岡崎：ＥＵ、アメリカ、イギリス、中国が「しょうがないよね、だって地球のためだもん」って思いながら、パリ協定を守っていくと思いますか？んなわけないじゃないですか（笑）。

加藤：そんなわけないですねぇ（笑）。

岡崎：絶対、裏で次のプランを作っています。

池田：パリ協定には罰則規定がありません。あくまでただの努力目標であり、「こうなるといいね」というお題目です。いわゆる「世界人類が平和でありますように」と同じですよ。もちろん、〝表の看板〟としてそういうお題目を掲げるのはかまいません。だけど、日本にはそれを真に受ける大臣がいるから怖い。

加藤：高い目標を約束することが国際社会でリーダーとして認知されることだと思っておられるのでしょうが、積み上げがなければ絵に描いた餅になります。数値を達成するために無理やり法律で規制したり、カーボンプライシング（炭素税）の制度を作ったりしたところで、官僚は予算と手柄と権限が増えて嬉しいのかもしれませんけど、現実離れした数字のおかげで国民はますます貧しくなっていく。国の富がどんどん海外へ逃げていく。こんなバカバカしい話ってありますか？

岡崎：そもそも国が出す数字でさえ眉唾《まゆつば》ものの多い中国が、数字を正直に言うわけがないと思いませんか？［※5］

加藤：絶対ありえません。中国は、パリ協定以前には世界第2位の経済大国であるにもかかわらず、自らを途上国扱いしていたくらいですから。中国も、それからロシアも韓国も、途上国扱いで、自分たちの義務をまったく担ってこなかった。

岡崎：だから我々も、2050年のゼロ目標を〝御神体〟として掲げつつも、そこに100％の信仰を捧げてはいけません。これはもう、現実を見たらまず間違いないことですね。

加藤：目を覚ましてほしいですね。

池田：そのうちみんなが途中で気が付くので、「こりゃぁ、出来ませんね」ってことになりますよ。でも「出来ませんでした」という結論が出る前に、国の産業を相当痛めつけそうなのが問題です。既に経産省の報告書には「カーボン・バジェットからのバックキャストは不適切である」と、こんなにはっきり書いてある。でも、菅首相（当時）は「目標をさらに引き上げましょう」と言ったわけですから呆れます。

加藤：なぜそうなるんですかね？　なぜ政治家は現実離れした無謀な目標設定をするのでしょうか？

岡崎：それは僕が康子さんに聞きたいですね（笑）。

加藤：いやもう、本当にわからないことが多くて（笑）。

脱炭素で儲ける人々

池田：実はこの経産省の報告書は、結構前に見つけて読んでいました。だから、僕も政府の色んな発表を見るたびに、これと照らし合わせて「おかしいでしょ！」と言ってきたつもりです。でも、世間やメディアの論調の方がどんどんおかしな方に寄っていっています。むしろ、経産

※5　**【中国の削減目標】**
習近平主席は、2030年までに温室効果ガス排出量を段階的に引き下げ、2060年までにゼロにすると発表（2021年4月気候変動サミットにて）。
【アメリカの削減目標】
バイデン大統領は、2030年までに温室効果ガスの実質排出量50〜52％削減（05年比）、2050年までに実質ゼロ目標を発表（2021年4月気候変動サミットにて）。

省の2017年の報告書をベースにしている我々が少数派というか、変なことを言っていると思われているのが現状ですよ。

加藤：それは……やはり、**カーボンニュートラル（脱炭素）で儲かる人がいる**からではないでしょうか？

岡崎：「邪魔するな」ってことですね。

加藤：この問題の背後には投資家がいるのでしょう。環境に優しいビジネスで将来有望だということでお金を集め、株価を上げて、人々の貯金から投資を促す。そうやって脱炭素を利用し、商機にしようとしている人たちがいるわけです。「日経」には毎日のように「脱炭素でこういう新しいビジネスをしています」「うちの会社は脱炭素でこんなエコなことをやっています」「CO2を減らすこんなすごい努力をしています」といったフレーズがあふれています。それがひとつの企業PRになるわけですから、**〝脱炭素〟はもはや広告**ですね。企業側からすると、社名が誌面に掲載されれば株価も上がるし、株主にも良いイメージを出せる。やはり今、「環境」を軸に投資が集まるように仕掛けられているわけです。

池田：この話はもはや、**世界中の人間が自分の利益を守るためにそれぞれがポジショントークをしている**という領域に入っているように僕には思えます。なので、結論はしばらく出ません。いずれにせよ、この経産省の報告書は、今回ご紹介した箇所以外にも凄いことが色々と書かれているので、読者の皆さんもぜひ一度お目通しいただきたいです。いつまで経産省のサイト上にあるかわかりませんからね。

加藤：それにしても、これをまとめた経産省の人は偉かったと思います。

池田：そうですね。ただそのときはまだ、政治の圧力がゼロでしたからね。僕は皆さんにこれを直接読んでいただいて、それぞれの〝正義〟をご自身で決めていただくのが一番いいと思います。

岡崎：今のうちに魚拓（証拠）を取っておいた方がいいかもしれませんね。

池田：ダウンロードしておいてください。我々も保存しておきます。

加藤：当時はおそらく、日本の経済を真剣に心配する官僚が経産省にいたということですね。

岡崎：そのスピリットをまだ持ち続けている方がいるといいのですが。

加藤：そう考えると情けないですね。

経産省には、どんな風が吹いても、日本の国力の源泉である製造業の産業力を応援する応援団であってほしい。そのためには、少々厳しいことを言ってもかまわないので、理想に駆られる政治家を諫《いさ》めつつ、実行可能な電動化への支援策を出してほしいですね。

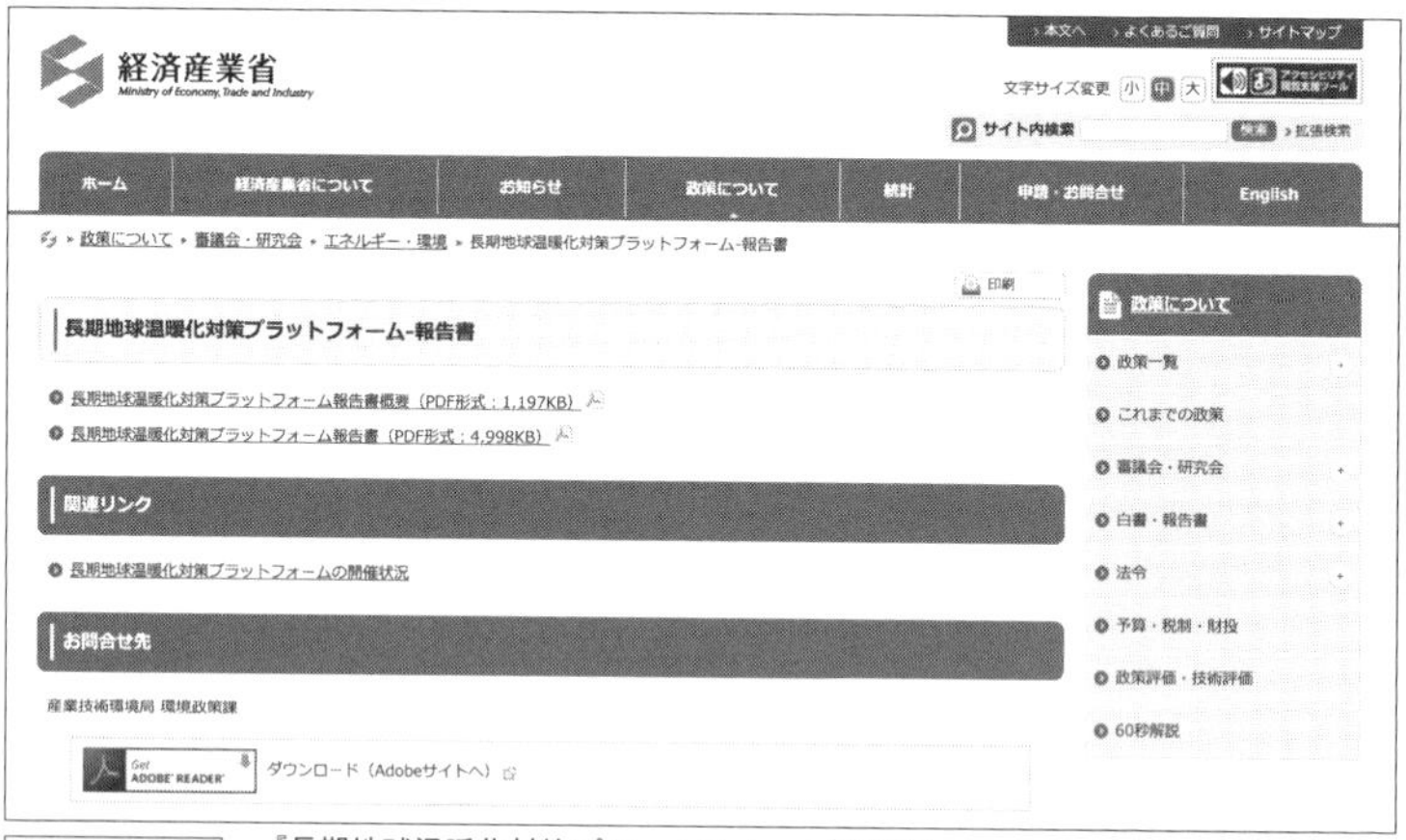

『長期地球温暖化対策プラットフォーム報告書』
2017（平成29）年4月7日 経済産業省 ウェブサイトに掲載
QR コードを読み取ると、該当ページが開けます
https://www.meti.go.jp/report/whitepaper/data/20170414001.html
経済産業省ウェブサイトより

第9章

日本の経済安全保障に問題あり
――日本にEV成長戦略はあるのか？

未来ネット / 旧林原チャンネル
配信日2021年6月22日（収録日3月30日）
より

経済安全保障とは何か？ ルネサス火災事件の疑惑

加藤：これまでのお話で、EV化の問題が単に自動車産業の浮き沈みの話ではなく、日本全体の経済、雇用、暮らしなどに直結しているということが、おわかりいただけたのではないかと思います。この第9章では、「**経済安全保障**」を切り口にお話をさせていただきます。

岡崎：安全保障というと軍事的なものを思い浮かべる方が多いかもしれませんが、当然ながら経済、エネルギー、食料も安全保障の根幹に関わっています。

池田：国家の安全は、武力以外にも様々なものに大きく依存している、ということですね。

加藤：コロナ禍で、日本の自動車の半導体が足りなくなり、各自動車メーカーが減産しているというニュースもありました。ルネサスの茨城の工場では、どういうわけだか工場で火災が発生して［※1］、ますます半導体不足に拍車がかかっていましたね。こういった必要な部材が調達出来ずに減産に拍車がかかる事態は、自動車産業にとっては危険なことではないでしょうか。

池田：その通りです。新型コロナの影響での減産から始まり、このような不測の事態まで加わって、かなり厳しいことになっています。生産能力が元に戻るまでには3～4カ月かかり、およそ200億円の減収になると見込まれていますね。

ただ、何かの部品が急に調達出来なくなることは、自動車メーカーにとってはよくあることであり、これは想定すべき事態です。例えば震災のときもそうでした。各社は常々、そういった事態に対応出来る堅牢な体制を作ろうと、日々努力しています。なので、これを一つの経験として、今後の体制作りに関しても当然細かい検討をしていると思いますよ。

加藤：でも、２０２０年10月に起きた宮崎の旭化成の半導体工場火災に続いて、ルネサスの工場が火災に遭うのは「どうも不自然だ」と思っている方が多くて、友人や知人からも同じようなことを聞かれるんですよ。単なる老朽化ですか？　なぜ堅牢な半導体工場に火災が起こるのでしょうか？　一部では、サイバーセキュリティに課題があるのではないか……という疑問の声も聞かれるのですが。

岡崎：まぁ、この状況下で立て続けに発生したことを思うと、そう勘ぐる人が出てくるのもわからないではないですが……。

池田：現時点では何の証拠もない話ですね。

加藤：バイデン大統領は「半導体、レアアース、リチウムイオン電池など、戦略的に重要なものは国産化していかなければならない。国産化出来ないものに関しては同盟国間で供給を連携し、脱中国化する」ということを盛んに発言しています。ルネサスに関しても、車載半導体の分野では世界トップ３に入る企業ですから、世界の企業が虎視眈々《こしたんたん》と狙っているでしょう。私

※１　**ルネサス工場火災（２０２１年３月19日）**
茨城県ひたちなか市の那珂工場で、過電流による火災が発生。主に自動車向けの半導体を扱っていた。サイバー攻撃による可能性も疑われる。ルネサスエレクトロニクス社は産業革新機構の傘下にある国有企業。

たち日本人からしたら、何としても日本国内で生産し続けてほしいという強い希望があるわけです。しかし、少し前には日本電産の永守重信会長が、「ルネサスを何としても買収する」というような話もされていました。弱肉強食のビジネス界において、日本の重要な産業が、いかに戦略的に国内の生産体制を保っていけるかが重要だと考えています。

日本電産・永守会長「EVの値段が5分の1になる」発言の嘘

加藤：永守会長が創業した日本電産［※2］は、EVを商機としてうまく業績を伸ばしている会社のひとつですよね。

岡崎：永守会長は日本を代表する名経営者であり、日本電産はハードディスク用の小型モーターなどで世界的にも非常に高いシェアを持っています。つまり、モーターのスペシャリストですね。モーターとなればEVに必ず必要なものですから、今後需要も増えていくだろうと注目されていて、株価も相当に上がっています。ただ、永守会長に関して、気になることが一つあります。それは「**EVになるとクルマの値段が5分の1になる**」という**発言**［※3］です。5分の1になるとは、つまり500万円のクルマが100万円になるっていうことですよね。

加藤：5分の1に……なるんですかね？

岡崎：なるはずがないんです。文字通り5分の1になるって考えると、ちょっとそれはあり得ない。完全否定していいです。なぜかというと、例えば２００万円のクルマがあったとします。２００万円のクルマの場合は原価がだいたい１２０万円です。そのうちのエンジンが45万円ですから、シャシーや内装などの車体に75万円がかかっているわけです。だから仮にエンジンをモーターとバッテリーに変えても、絶対5分の1にはならないんですよ。「日経」もこのことを記事にして結構話題になったんですけど、どうも腑《ふ》に落ちなくて。永守会長のことだから、何か別のことを意味しているのかなとも思うんですよね。

池田：そうなると、常人には計り知れない話ですよ。数学が通用しない世界の話といいますか。もしそれだけモーターやバッテリーが激安になるのだとしたら、日本電産の株なんか買っちゃいけないってことにもなるでしょう？

岡崎：そう、いくら作っても儲からないもの。

※**2　日本電産株式会社（Ｎｉｄｅｃ）**
永守重信（１９４４年生まれ）氏は創業者であり会長。２０２１年4月22日 関潤氏（元日産）にＣＥＯを交代した。コロナ禍でも過去最高の売上高の小型モーターメーカー。ＥＶ心臓部のモーターシステムを生産するため、２０２１年3月、中国の大連に世界最大級の新工場を新設。

※**3　永守会長の5分の1発言**
「２０３０年には、ＥＶが全体の5割を超え、自動車の価格は現在の5分の1程度になるだろう」（２０２０年11月20日 第22回日経フォーラム「世界経営者会議」での発言）

加藤：でも中国に大きな設備投資をして新しい生産設備で大量生産することで、価格をぐっと落とすことは可能じゃないですか？

池田：それで価格が５％下がるという話ならわかります。でも、モーターって、昨日今日発明されたものじゃないですからね。生まれて間もないデバイスが、新たに確立された量産方法で価格を大幅に下げるというケースならありうると思うんですが。

加藤：なるほど。台湾のホンハイ［※４］あたりと日本電産が組んで、アップルがＥＶ参入することを見越しているとか……。

岡崎：アップルがやりそうなことですけど、本当は２００万円のクルマだけど定価を40万にして、毎月サブスク（月額課金制）のようにお金を払っていく、という仕組みにするのならわかります。でも記事によると、「ＥＶの価格は5分の1になる」ってハッキリ仰っているわけですよ。

加藤：この永守発言を信じている方は、霞が関にも永田町にも多いと思います。永守さんが言うのなら本当だろうって。「ＥＶ化で自動車のコストが5分の1になったら、そりゃガソリン車はもうやっていけないでしょうねぇ」という話はよく耳にします。だからこの発言には重みがある。

池田：この件については、本当に仰っていることがまったく理解出来ません。私の理解の及ばない世界があるのかもしれませんが（笑）、いかなる納得出来るケースも思いつかないですね。大量生産してもバッテリーの価格が下がらないことは、第２章でお話しした通りです。

岡崎：日経をはじめ、メディアがその点をもっと突っ込んで聞いてほしかったと思いますね。

池田：一番考えられるのは、さっき五朗さんが言った通り、価格と言っているけど「実はリース料金なんです」というパターンですね。

加藤：カーシェアとかね。

池田：「リースで月額換算5分の1になります」だと、ほとんど詐欺みたいな話ですが。

岡崎：昔は1円の携帯電話もありました。

加藤：購入時は1円でも、月額料金はかかるというやつですね。

岡崎：クルマがそういうものになるという話だったら、まだわかります。

池田：要するに、収入源が変わって、モノを売るビジネスじゃなくなるということなら、それは合理的な説明のしようがあると思います。だけど永守さんは、そういう文脈で仰っていないでしょう。

岡崎：「ＥＶになると5分の1になる！」……です（笑）。

加藤：でも私もこの記事を見たとき「えぇーそんなに安くなるんだ！」って率直、思いました

※4　**鴻海（ホンハイ）精密工業**
ｉＰｈｏｎｅをはじめとする数多くの電子機器製造を担ってきた世界最大手の設計・製造受託サービス企業。創業者（ＣＥＯ）は、郭台銘（テリー・ゴウ）。「ＥＶ参入」を表明し、自社工場を２０２０年6月より作り始めたという。

よ（笑）。

池田：多くの方がそう誤解されていると思うので、我々が必死に火消し活動をしているところなんですよ（笑）。

日本国内で生産体制を保つことの重要性――素材・半導体・電池・電源の調達は大丈夫？

加藤：今、バイデン米大統領は脱中国を目指して、供給網を強化しようとしています。同じくEUもバッテリー工場をEUの域内に作っていますね。

岡崎：スウェーデンのノースボルト社が筆頭ですね。

加藤：日本にも動きは出てきました。日産と提携するエンビジョンAESCは、今度、茨城県から20億円の支援を受けて、工場を日本に新設するそうですが、イギリスにも大きい工場を新設するそうです。パナソニックも、テスラ用でしょうか、欧州に現地工場を計画しているとか。中国のCATLも欧州に電池工場を作っています。アメリカもEUも、EV時代に備えるため、電池の内製化を進めているところです。日本も経済安保の一環として「半導体」「電池」「EV用の新素材」「レアアース」も含めて、早急にきちっと調達出来るような仕組みを作っておかないと、**この世界戦争に負けてしまいますよ**。

池田：それに加えて、電源（クリーンな発電）もです。

岡崎：そうですね。何か一つでも積極的に動き出している気配はあるだろうかと思い、取材をしましたが、よくよく聞いてみると、まだ何も決まっていないですね。

加藤：２０２１年２月に「経産省がトヨタとパナソニックの電池合弁会社に血税１兆円」というニュースを見ました。だからもうきっちりと決まっているものかと……。

岡崎：いや、決まってないです。さらに聞くと、電池にしろ何にしろ、政府からの補助金など、「政府の財源を元にしたお金はあまり欲しくない」というメーカーの声もあります。なぜなら税金からの補助金をもらった段階でめちゃくちゃ口を出されるし、報告書も細かいものを出さなきゃいけない。とにかく自由に出来ないそうです。今までも政府主導でやってきた産業でうまくいったためしってないじゃないですか？

加藤：なるほど。でも、それを思うと、明治の日本は機動力がありましたね。官営でまず始めて、当時における世界の最新の設備を導入し、それを民間に払い下げしていきましたからね。失敗もたくさんあったけれど、そのおかげで三菱や三井、日本製鉄などといった産業の担い手が育ち、日本も大きく成長しました。

岡崎：当時は官も民も一丸となってやっていたのでよかったかもしれませんが……。

池田：プラザ合意（１９８５年）以降の日本で見た場合は、もう全然駄目です。

岡崎：やっぱり国の援助をもらうと、事業のスピード感がなくなっていくんですよね。裁量権もなくなって、いちいち国にお伺いを立てないと何一つ進められない、決められない状態になってしまう。トヨタの「ウーブン・シティ」なんて、税金を1円も入れていないですからね。

加藤：トヨタみたいに財力があれば、それも可能でしょう。でも、今は新しい発明が次々生まれ、産業構造に変化が起こってきている状況です。まさに時代の転換期ですよ。水素をはじめとしたエネルギー革命もそうですが、パラダイムの変化が起こっています。そんな時期には、普通の桁《けた》のお金ではなく、ドカーンと多額の資金を投入し、研究室で成功した新しい技術をいち早く商業化したところが、シェアを勝ち取っていくのではないでしょうか。

岡崎：「**お金は出す、でも口は出さない**」というマインドがないとまた同じ轍を踏んで失敗してしまいます。裁量権は現場に与えればいいんですよ。そういう方向に国側のマインドが変わっていかないと、せっかくのお金が……まさに我々の血税が本当に無駄になってしまいます。

日本の産業に戦略的に投資する「投資計画省」とは？

加藤：今の日本に必要なのは、環境省を大きくすることではなく、むしろその逆です。**経済を支援する「投資計画省」のような省が必要**ですね。国家戦略で重要な産業を選び、海外に出ている企業が生産拠点を国内に移し、国内で設備投資をするよう応援する。税金を免除する……など、現在アメリカやヨーロッパがやっていることを日本で推進していくような「省」です。

ほかにも、電力多消費産業には電力料金を減免する、重要な技術開発にはしっかりお金を投入する……など色々ありますね。

岡崎：それ良いです。本当に。

池田：財務省にはない発想。

加藤：そういう点で国は思い切り企業をバックアップして、アクセルを踏むべきところで踏まないと、あっという間に世界の流れから置いていかれます。それこそ一気に引き離されますからね。

岡崎：現状は、補助金をもらった段階で裁量権がなくなるので、ある程度企業にフリーハンドを持たせる減税がいいかもしれない。企業の方もおそらく動きやすくなるだろうと思います。

加藤：戦略的に重要な産業が日本で製造しても儲かる仕組みを作れば、みんな日本に戻ってきますよ。

岡崎：まさに、仰る通り。

池田：なぜそれが出来ないかというと、お金に対する国の考え方が根本的に間違っているからです。人を信じていないといいますか、企業側が失敗することを恐れて、色んな報告書を出させて、中間チェックもする。場合によっては口出しまでするわけじゃないですか。でも、それって「失敗するかもしれない不安なところに金なんか出すな」って話です。「勝てる見込みがあるところにはちゃんとお金を出して、あとは自由にやらせる」ということの方が大事なんですよ。

失敗を糧とした、明治日本の産業

加藤：明治の日本は、国も民間もみんなトライアル&エラーで、色々なことに挑戦していきました。最初はほとんど失敗しますが、その失敗がある面で学習プロセスになっていくわけです。

岡崎：「失敗は成功の母」ですね。

加藤：今の日本が情けないのは、失敗してしまうとそこで諦めてしまうことです。それで、「あぁだめだ」って臆病になってしまう。中国は成功しているように見えるけれど、粉飾ですからね。失敗を隠して外に見せないわけです。中国では、不動産などでもそうですが、「商業ビルを開発したのはいいけれど中身はガラガラ」といった例はたくさんあります。倒産している会社の数も半端じゃない。そういう数字を見ることなく、きれいに色付けされた絵ばかり見せられると、どうも隣の芝生ばかりが青く見えてしまいます。それに騙された〝ピュア〟な日本人がみんな、成功を夢見て市場の大きな中国に出かけて行ってしまうということですよね。

池田：どうしてそんなに中国に騙されるのか……。

中国に投資し続け、中国を太らせたのは日本

加藤：このグラフ［図1］をちょっと見てください。日本と中国のGDP（国内総生産）、そ

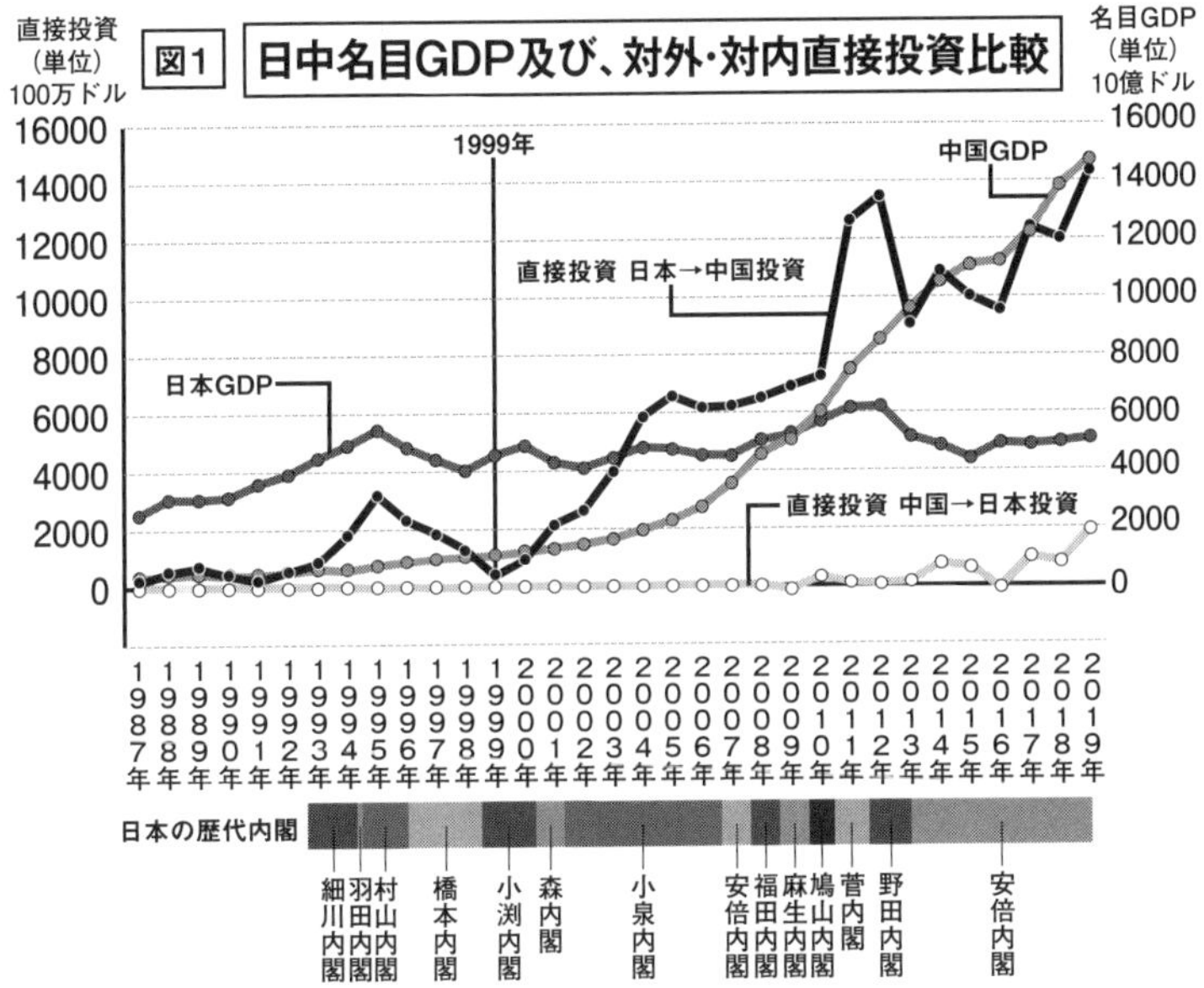

出典:名目GDP:IMF／直接投資:ジェトロ　グラフ作成:産業遺産国民会議

れから対内・対外直接投資の比較のグラフです。１９９９年の小渕恵三内閣のときから、日本から中国への投資がぐいぐい伸びているのがわかります。

岡崎：なるほど……小渕さんは親中派だったんですか？

加藤：そうですね。ですから、政治と経済はものすごく密接な関係があります。天安門事件（１９８９年）以来冷え込んでいた中国経済を、日本が手をさしのべて育てていったことがわかるグラフです。中国は、小渕恵三内閣の親中政策をきっかけに日本からの投資を増やし、それを基礎に大きくＧＤＰを伸ばしていきました。１９９８年11月には、江沢民《こうたくみん》国家主席が来日して日本と「日中共同宣言」を発表し、日本は「ハイテク、情報、環境保護、農業、インフラなどの分野での協力を拡大する」ことを約束します。ここから中国の経済開発への本格的な協力が始まります。中国のGDPが右肩上がりに伸びていくのです。ODA（政府開発援助）は1979年以降、円借款《えんしゃっかん》、無償資金協力で、3兆6500億円余りが拠出されました。こうして中国は、日本の投資や技術移転、支援で経済大国になり、日本のGDPをはるかに超えていきます。中国は歴史的にも日本にとって重要な市場です。地理的に近く、羽田から上海まで4時間ですからね。文化的にも馴染みがあるので、日本の企業も「中国へ行け」と言われれば、我先にと行きます。戦後世代の経営者は中国への贖罪《しょくざい》意識もありますしね。それが今の強大な、中国一強を作っていったわけです。

岡崎：中国を育てたのは、紛れもなく日本であると。

池田：対して日本のGDPは1995年以降、非常にフラットですね。

加藤：それからこちらのグラフは日中の粗鋼生産量の推移です［図2］。国の産業力、国力の指標として私は粗鋼生産量を見ています（粗鋼生産量は国の工業力と景気の動向を示す指標となる）。今、世界の粗鋼生産量の56％は中国です。中国で世界に伍す製鉄所が始まったのは山崎豊子の小説『大地の子』に出てくる日本製鉄の上海宝山製鉄所ですね。グラフで見てもわかる通り、中国がどこで日本を追い抜くのかというと、1997年以降です。やはり政治と関係しているわけです。日本政府の親中政策でどんどん日本の製造業が中国に移っていけばいくほど、中国の粗鋼生産量が上がっていく。

図2　粗鋼生産量

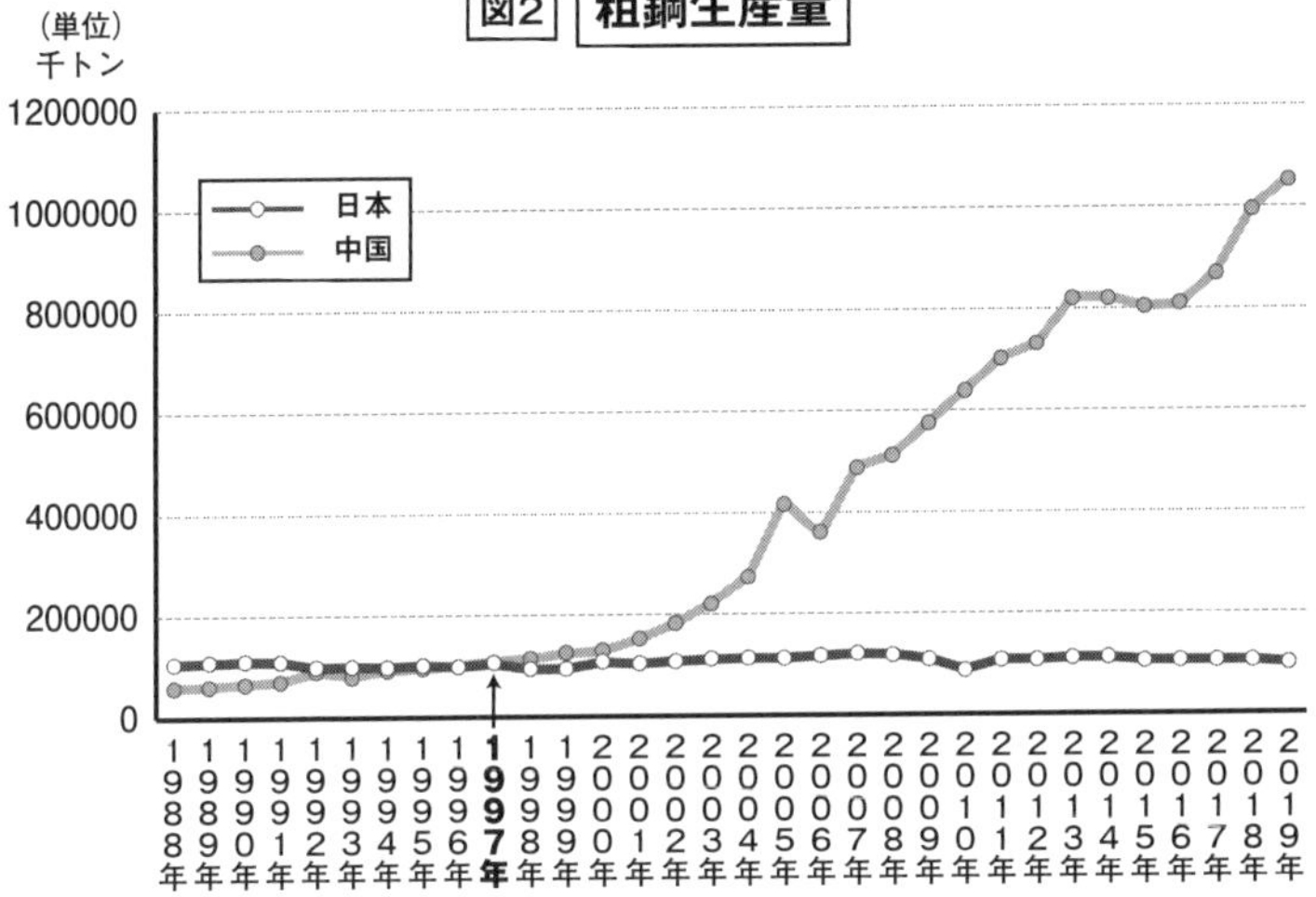

出典:WSA 資料:GLOBAL NOTE

世界の粗鋼生産量の56％が中国というのは、ちょっといびつな数字ではないですか。だからCO_2の排出量も中国が世界の30％を占めているのです。

岡崎：まさに「世界の工場」ですね。

加藤：それから、天安門事件が起こったのが1989年ですよね。先ほども言った通り、小渕内閣の1999年あたりから中国投資が伸びてくるわけですが、定期的に反日運動も起こるようになります。尖閣諸島の漁船衝突事件は2010年の野田佳彦内閣のときですが、尖閣問題の影響で2012年にはトヨタやパナソニックの工場や販売店が襲撃されました。定期的に反日運動が起こるのは偶然とはいえないので、あらためて政治リスクが高い国であることもわかります。そんな国が世界最強になるというのは、実に怖い話です。

岡崎：中国は、何か気に入らないことがあると、「うちの原料は売ってやらないよ」とか「そっちの商品は買ってやらないよ」という脅しを政治圧力として仕掛けてきますからね。テスラなんかもやられ始めています。

加藤：今、テスラは中国の監視対象企業になっているようですね。テスラは100％アメリカの資本ですが中国市場への依存度が高い。今後の経営は大変でしょうね。

岡崎：今までは、中国国内で商売をする企業は、中国企業と合弁《ごうべん》じゃないと駄目だったけれど、テスラは単独で中国に進出した初めての自動車メーカーです。上海市の強力なバックアップを背景に、コロナ禍でも工場をバンバン建設し続けて、相当な特別待遇で迎え入れてもらっていました。しかし、今後の政治状況が変わると、風向きも変わるかもしれませんね。

中国共産党の駆け引きに使われる企業リスク
――自動運転のセキュリティと政治リスク

加藤：米中対立のなかで、テスラも政治に翻弄《ほんろう》され、駆け引きに使われているようですね。だからバイデン大統領が安全保障上のリスクについて発言されたときに、それに呼応するように中国当局からテスラ問題が出てきました［※5］。

岡崎：テスラのクルマには、自動運転のためにいっぱいカメラが付けられています。前にも横にも後ろにも付けられていて、そのカメラで常に外の景色が撮られている。そして、テスラが望めば、クルマの位置情報と映像が自動運転のデータとして本国のテスラのサーバーに届くわけです。だから、例えば「テスラが中国の軍事基地の近くを走ると、その情報がアメリカに渡って安全保障上の脅威になる」と中国当局は主張していますが……ほとんど言いがかりですね。確かに撮ろうと思えば撮れます。でも、それをいうならｉＰｈｏｎｅだって同じことが出来ませんか？　カメラも、ＧＰＳも付いていますよね。なぜテスラだけが叩かれたのか？　絶対何か裏に思惑があるはずです。

加藤：やはりテスラは狙い撃ちにされているようにも見えます。一方でアメリカは中国メーカーを商務省のエンティティ・リスト［※6］に次々と入れています。企業だけではなく、個人もいます。人民解放軍絡みの企業との取引は禁止。人権に関わる企業に関してはもちろんのこと、お金を貸した金融機関までも米国では制裁措置をうける。中国もそれに対抗してエンティティ・リストを

※5　テスラがスパイ疑惑で工場閉鎖⁉
テスラ車の車載カメラが中国の安全保障上の脅威になるという理由で、中国政府から工場閉鎖の圧力がかかった（2020年3月20日）

※6　エンティティ・リスト（Entity List／略してEL）
米商務省が輸出管理法に基づいて「国家安全保障や外交政策上に懸念がある」と指定した企業のいわゆるブラックリスト。ファーウェイをはじめとした通信関連、画像認証などのＡＩ技術、セキュリティ関連の企業などが主に含まれる。

作成する。**経済と安全保障は切っても切れない時代になりました。**

岡崎：そうですね。そもそもカメラやスマホから情報を抜くのは、中国のお家芸です（笑）。自分たちに心当たりがあるからこそ、テスラにやめろって言っているんでしょう。

池田：「俺たちと同じことやるんじゃねぇ！」っていうね（笑）「何考えてるの？」「あなたと同じこと」「エッチ」ってやつですね。

岡崎：ホント（笑）。

加藤：イーロン・マスク氏はアメリカのメディアを通じて、「スパイ行為なんか絶対しません」と相当強く発信されていましたね。

池田：そりゃそうですよね。でもこの問題は、疑おうと思えばいくらでも疑えます。テスラのシステムは常時ネットに接続されていて、運転中の不規則な動きや何か異変があったときなどには、その差分データを送るというのを常時やっているんですよね。中国はＡＩ（画像認識）の技術は優れているから、気になってしょうがないところかもしれません。

加藤：なるほど、それは確かに気になりますね（笑）。日本の自動車メーカーも自動運転やコネクテッド・カー（常時ネット接続した自動車）をどんどん開発していますからね。コネクテッド・カーを生産することで、日本の自動車メーカーが標的になり、政治に翻弄されてしまうのではないでしょうか。

岡崎：まぁ、リスクしかしないでしょうね。

池田：テスラにはカメラがたくさん付いているという話ですが、実はもう新しいクルマの多くには結構カメラが付いています。クルマにカメラが付いているのは当たり前の時代です。

加藤：となると、中国当局によるスパイ嫌疑は、どのメーカーにも起こり得ますね。

岡崎：先ほど定期的な反日運動の話も出ましたが、イチャモンっていうのは、つけようと思えばいくらでもつけられます。彼らはそれを交渉の材料にしています。

加藤：中国の反日運動は自然発生的に起こるわけではなく、明らかに政府側に仕掛け人がいますからね。

岡崎：政府が国民の不満のガス抜きに使うケースなども含め、中国の反日運動には全部理由があるのでしょう。でもそのたびに工場の操業が止まったり、販売店が襲撃されたり……いちいち付き合っていられないですよね。日本はさらにその上をいくような政治的な交渉力を持つしかないということです。

問われる諸外国との政治交渉力――戦略的なテック・プロテクト

加藤：でも、日本が中国に対して交渉力を持つというのは……まぁほとんど不可能です。

岡崎：安倍首相（当時）は結構うまくやっていたんじゃないですか？

加藤：それはそうですね。安倍首相（当時）は別格です。

池田：「日本の政治が交渉力を持つ」のを諦めてしまうと、我々はもう日本を出ていかなきゃいけないかもしれない。世界を見渡せば、どこでもみんな陰謀を巡らせて、自分が勝つために何でもやっている状況です。テスラの一件にしても、もともと中国政府がテスラに何かしら文句をつけたい状況があったところに、車載カメラという〝材料〟をたまたまピックアップしたにすぎません。それを踏まえると、日本が政治交渉力を持つ以外に、明るい未来はないと思いますね。

加藤：もちろん政治家に交渉力を求めることは重要です。でも、やはりある程度は産業界も政治に頼らず、戦術として戦略的な技術を国内に担保し、中国には出さないようにすることも重要だと思います。アメリカではよく「テック・プロテクト」という言葉が使われていますが、要するに自国のテクノロジーを守るということですね。

日本は、すごく重要な技術を、汎用性を高めるために、外に出す傾向があります。でも、重要な技術は、国内で守らなければなりません。日本には守らなければいけない技術や資源がたくさんあります。日本に資源がないと思っている方は多いでしょうが、**日本の近海には160年分のレアアースがある**ともいわれています。日本は「隠れた資源大国」なのです。そういった資源を開発する努力を怠らないことも重要だと思いますね。それに加えて、**日本の優秀な人材は最大の資源**です。

岡崎：中国は、いわゆる「千人計画」に代表されるように、外国の技術を抜いてくるのがものすごく得意です。それをうまく止めるために、これもやっぱりルール、法律を作らなければいけない。そういう面ではやはりアメリカは毅然としていますよ。

加藤：毅然としていますね。日本人も昔は毅然としていたと思います。私は日本も千人計画を実行すればよいと思っています。ソフトバンクの孫正義さんが「日本はＡＩが遅れている」って仰っていたけど、遅れているのなら世界からＡＩの優秀な技術者を集めればいいじゃないですか。

岡崎：でも康子さん、国内の優秀な学者や技術者に満足なお金と設備を与えられないような国が、外国のエリートをお金で引っ張ってこられるのかっていう話ですよ。

加藤：明治の日本はお金がなくても世界から人材を集め、人材を育てました。明治に出来たことが、なぜ今は出来ないのでしょうか。今こそやるべきだと思います。明治政府は世界のベスト・オブ・ブライテストを集め、日本の人材を育成したわけです。まずはそこにお金を入れることが重要じゃないですか。繰り返しになりますけど、ＡＩが遅れているというのなら、ＡＩが進んでいる国からＡＩの天才たちを集めればいいんですよ。

岡崎：日本学術会議さんがうまくやってくれれば一番いいんですけどね。「日本の英知」なのであれば（笑）。

日本政府は国民を守らず、自分の楽な道を選んでいるだけ

池田：康子さんが仰っていることは、みんなが納得する話だと思います。正しい。ただ、その「主語」が誰になるべきかっていうと……。

加藤：「政府」ですね。

池田：だけど、「政府には無理だ」っていう話と、「政府はもっとしっかりしろ」という話は、どうにも相入れない。

加藤：官僚も政治家も、欧米の作った潮流に抗《あらが》いません。交渉事が発生した際に、楽な方を選んでいる。本来ならば、国民の将来を守るために徹底的に闘ってほしいところですが、そういう政治家や官僚が本当に少なくなった。最初から海外の潮流に乗り、国益を守るよりも譲ることを前提に着地点を探しているように見えます。

岡崎：本当にそうですよ。自らタフ・ネゴシエーターとして外国に乗り込んで、日本に有利な条件を引き出してくるのが政治家の本来の役目なのに、政治家が一番楽をしています。日本のメーカーに「お前らEV作れ」って言うだけでいいなら、僕にだって出来ます（笑）。

加藤：まったくね（笑）。

池田：だから、頑張っているのは企業だけなんですよ。

加藤：国民も、昔だったら、それこそ卵を投げつけるだけでは済まないくらい怒っていたと思います。「そんな屈辱外交するな！」って言ってね。

岡崎：そう考えると、マスコミ、それから野党がだらしなさすぎますね。なぜまともな批判をしないのか。野党なんてまさに今は、大チャンスだと思いますよ。自民党や公明党が迷走して、日本の国益に反するような方向に進もうとしているわけですから。今こそ政権を奪う大チャンスなのに、誰か野党のなかで声を上げましたか？　ＥＶ化や脱炭素の問題点について国会で追及しましたか？　誰もしてないでしょう！

加藤：本来は野党が好きな政策を、今の政権が選択している。「大衆迎合」ですよ。

池田：自民党、菅政権（当時）の状態には大変失望しています。でも、「じゃあどこか別の政党に……」っていう話になると、本当に途方にくれるわけですよね。

岡崎：ホント、それ。

トヨタがアメリカから引き抜いたロボット＆人工知能研究のエース

池田：さっき康子さんは、ＡＩのスペシャリストを集めればいいと仰いました。それに関連して、例えばトヨタは……また例がトヨタになると僕らは「トヨタの肩を持ってる」って言われるんですけど（笑）、トヨタはアメリカの戦略研究所のエースである、ロボティクスの技術者を引き抜いています。

加藤：あぁ、それは素晴らしいですね。

池田：ギル・プラット［※7］という世界的な第一人者を引き抜いてきて、トヨタはＡＩの研究をやっているわけです。だけどそんなことは、僕らくらいじゃないと書かない。新聞やテレビなどのマスメディアを見ても、その背景が書かれていないわけです。メディアの報道の駄目な点はそこですね。

加藤：もう、なぜでしょうね！　メディアの報道はまったく偏っています！

岡崎：勉強していないんじゃないですか。

池田：だから僕らがこうやって本当のことを言っても、「あぁ、またこの人たち、トヨタの味方をしてる。どうせメーカーからお金もらってるに違いない」ってネットに書き込まれるわけですよ。

岡崎：いやぁ、お金ね……。いただけるものなら貰ってみたい（笑）。

池田：まぁそんな簡単にお金を配らないからあの会社は儲かっているんですよ、きっと（笑）。

真実を伝えるメディア、国益を守る政治家

池田：結局のところ、メディア、大臣、政治家は、そうやって国民にかっこいいポーズをとることだけに全集中しています。いつだってかっこいいポーズをとりたいだけなんですよ、多少嘘をついてでもね。メディアは、**キャッチーな見出しを作るより、国の真実を伝える方が重要**だというスタンスをとるべきだと思います。大臣や政治家だって、「外国に行って厳しい交渉をして、泥臭く国益を勝ち取るぞ。日本の利益が大事だ！」という姿勢で行動してほしい。

加藤：私も心からそう思いますね。やはり政治家たるもの、国益を何よりも大切にする政治を心がけてほしいですね。

岡崎：そういう人、出てこないかな。

池田：この本を読んだ若い人材が、これから育ってくるかもしれませんよ。

加藤：なるほど、それは素晴らしいことですね。私たちも負けずに、これからもどんどん発信していきたいと思います！

※7　ギル・プラット（Gill A. Pratt）
ＭＩＴ教授／ロボット・人工知能研究において世界的に活躍。トヨタ・リサーチ・インスティテュート（ＴＲＩ）のＣＥＯとして、自動運転技術の研究を指揮する。トヨタ自動車のフェローも務める。

日本にＥＶ成長戦略はあるのか？

加藤：これまで色々な課題を議論してきましたけれど、私が一貫してお伝えしたいのは「**自動車産業は、国民にとって日本の経済を支える一番重要な産業であり、基幹産業である**」ということです。自動車産業が駄目になると、日本経済は途上国並になってしまうといっても過言ではないでしょう。

しかし、日本の自動車産業は今、国内でものづくりを続けられるか否かという大きな岐路に立たされています。それを私たちも自覚して、このカーボン・ニュートラルの問題に、しっかりと向き合っていくべきではないかと考えます。

ということを大前提としまして（笑）、では**日本が勝っていくにはどうしたらよいでしょうか？**

岡崎：カッコいいＥＶをバンバン作って、ＭＭＴでジャンジャンお札《さつ》を刷って、原発もガンガン稼働させて、日本を盛り上げていくんだ！……というＥＶ推進派の方もいらっしゃいます。はっきりお名前を申し上げると、自民党の西田昌司《にしだしょうじ》参議院議員です。僕が書いたコラム「大事な話が抜けてますよ！　過熱するＥＶ推進論の真実☆岡崎五朗の眼」（２０２１年1月30日／＆ＧＰ掲載）に対して、西田先生からご自身のユーチューブチャンネルで反論をいただいたことがあります。その内容が良いか悪いか、現実的かどうか等は少し置いておくとして、西田先生はある意味で国益をベースに考えていらっしゃるようなので、一つの答えとしてはアリだなと思いました。**目的が「日本を豊かにするため」**という点は我々と一致しているので、議論を戦わせられる余地はあります。

しかし、一方で「環境のため」というオブラートで包んで、すごくきれいなイメージで「脱炭素」を掲げているＥＶ推進派の方もいます。彼らから「雇用も増えます」「グリーンで成長するから経済効果１９０兆円です」といった非現実的なことを言われたところで、僕には何も響かないんですよね。

池田：仰る通り。西田さんと我々では、意見は違います。でも、お互いそれが「日本のためになる。日本を良くすることにつながる」と信じて自分の意見を主張しているわけです。ある意味、志の根っこの部分に関しては、すごくシンクロする部分があります。だけど、菅政権（当時）がこれまで発表してきた内容からは、どうしてもそういう匂いがしません。むしろ**「日本を良くしようと本当に思っていますか？」**と疑問に感じてしまいます。「この国のために尽くそう」という政治家の熱意のようなものを感じない。そこにすごい失望感があるんですよね。「政治家ってそんなものなの？」と。

加藤：熱意がある政治家も少なからずおりますし、お二人のように真実を伝えるジャーナリストもいます。何より日本の国民は、誰も日本の衰退を望んでいないと信じています。

岡崎：環境のためにすることが、日本を貧しくしたら、本末転倒ですからね。

池田：中国製のバッテリーを積んだテスラが日本でバンバン売れても意味がないですから。

加藤：EV化によって、失われる雇用がたくさん出てきます。

岡崎：自動車産業に関わる550万人の方々は戦々恐々としていると思いますよ。

加藤：日本の脱炭素政策が舵取りを誤ると、自動車産業のみならず、あらゆる産業が立ち行かなくなり、ものづくりが日本から消えてしまいます。第8章でも議論しましたが、経産省のレポートでは、農林水産と2、3の産業しか国内に残らないわけですから。

池田：オールEV化というのは、生産設備の面でも資源の面でもインフラの面でも電源の面でも、まだまだ時間がかかる。その間を繋ぐためのもの、補完するものとして、ハイブリッドの重要性というのはやはり高いです。**ハイブリッドの技術は世界で日本が圧倒的に高い**わけですよ。

加藤：EUやイギリスが2035年でハイブリッド禁止とかいう話が出ていますが……。

池田：まったく環境を優先した発言とはいい難いですよね（笑）。本来なら日本は、例えば当面10年間の繋ぎとしてハイブリッドを世界中に供給したり、ハイブリッドこそがEVが成長していくための下支えをする重要な戦略なんだ、ということを世界に知らしめす立場にあります。つまり「今すぐCO2を削減するにはハイブリッドや軽自動車は極めて有効だから、日本の技術を環境のために役立ててくれ」と、もっと強く主張しなきゃいけない。なのに、欧州の連中の言うことを鵜呑《うの》みにして、むしろ優秀な日本の技術を否定的にしか捉えていないところが非常に残念でなりません。ゼロか100かの理想論ではなく、**段階的なCO2削減にハイブリッ**

ドは極めて有効な現実的手段なのです。

岡崎：そういう意味では、日本は自己評価が低いのかなと思います。日本の空って世界の都市に比べてきれいです。東京もすごくきれいじゃないですか。

池田：パリなんて、ちょっと前までエッフェル塔のてっぺんが見えないぐらい大気が汚染されていました。だからフランスでは環境の話があれだけ盛り上がったわけです。中国の空気なんて、いわずもがなです。

岡崎：日本は優れたハイブリッド技術を持っています。軽自動車なんて、あんなに小さくて、製造時のＣＯ２排出量も少なくて、燃費もよくて、安い。そういう優秀なクルマがあるのに、それを環境の話と絡めて、積極的に海外に展開するというアイデアすらもありません。もっと自分たちに自信を持って、国がセールスマンになって、日本のクルマ技術の素晴らしさを世界にアピールするぐらいのことをしてほしいんですよね。

加藤：本当にそう思います。**政治家の先生方には、もっと国内の工場に足を運び、現場の皆さんが、どれだけ情熱を持ってクルマづくりをしているかを見てほしい。**日本の内燃機関は世界一で、日本の技術は国の財産です。その世界一の技術が失われるかもしれない危機にあるわけですから。ＥＶも一つの選択肢として開発していけばいいけれど、今ある技術も捨てないでほしい。読者の皆さんには、日本の基幹産業である自動車産業にもっとご注目いただき、しっかりと応援していただきたいと思います。

第10章

クルマに乗る豊かさと人間らしさ

未来ネット / 旧林原チャンネル
配信日2021年6月23日（収録日3月30日）
より

加藤：EVについて視点を変えながら議論してきましたが、まだまだ言い足りない。この話を始めたら、つい時間が経つのを忘れてしまいます。でも楽しかったですね。いかがでしたか？

岡崎：今回の議論を通して**「EVだけが正義だ」という極端な論調**に疑問を持つ方が少しでも増えたら幸いです。

池田：リアルを置き去りにした印象論に安易に乗っからないこと、ちゃんと本来の目的であるCO2削減にフォーカスして考えることを、ご理解いただけたらとてもありがたく思いますね。

加藤：ところで、私はクルマが好きでEVにももちろん興味があります。お二人はどんなクルマをお勧めしますか？

岡崎：それ、ものすごい原点の話になりますけど（笑）、まぁ、それが我々の本業であったりするわけですよね！

池田：そもそも「何を買ったらいいか」って考えられることは、とても大事なんです。だって「環境のためにクルマはこれ一択だから、国民車としてこれに乗れ」って言われたら、楽しくも何ともないでしょ？（笑）。

岡崎：結局のところ、自分が「あぁ、このクルマいいね、欲しいな」と思えるクルマを買うことですよね。余計なことを考えずに、そう思えるクルマを買うのが一番幸せになります。

加藤：「幸せになれるクルマかどうか」って大事ですね。

岡崎：はい。もうちょっと言うと、そのクルマを買うことで自分の生活が今までよりも少し楽しくなるとか、充実するとか、そういうふうに思えるクルマを買うことです。だからぶっちゃけ、EVだの、ハイブリッドだの、水素だのなんだのっていうことよりも、自分がそう思えることの方が大切。だから、EVをいいなと思っている人は、EVを買えばいい。

池田：そうです。EVを欲しい気持ちがあるなら、試してみればいい。すごく気に入って、「これいいね！」ってなるかもしれないし、「やっぱりちょっと充電の不便さが自分には合わなかった〜」ってなるかもしれない。でも、2021年のEVを、この今の社会のなかで乗ってみるという体験は、まさに今しか出来ないんですよ。

加藤：あぁ、なるほど。

池田：だから今のこの時代をエンジョイしてみるものとして、僕はEVっていうのは結構いいテーマだと思っています。

岡崎：僕も実際、トヨタの「ミライ」っていうクルマを買ってみました。買った3カ月後には、ものすごく先進的な安全運転支援装置が付くことを聞いて、「うわー、ちょっと早まったかな」って思ったんですが……（笑）。でも、どんどん進化をしている今の時期だから、そういうことがあるのは仕方がない。パソコンにしてもそうですが、「欲しいと思ったときが買い時」です。まぁ、そこらへんは個人の自由を謳歌《おうか》するといいますか、歴史を感じるイタリア車、フランス車を買うのもいいし、最新のEVを買うのもいい。とにかく一貫して僕らが言ってきたのは**「国が決めることじゃなく自分で決めること」**なんですよ。

加藤：そうですね。社会主義の計画経済みたいに、政府がどんな自動車を作るかを決めるなんておかしいですよね。メーカーはユーザーのニーズを汲んで商品開発をするべきです。市場調査をし、お客さまの声を聞きながら新車を世に出していく。その結果として、「あっ、これが売れた！」となるのがメーカーの喜びじゃないでしょうか。

岡崎：そうですね。もう一つ付け加えるなら、今、ドイツでディーゼル車に乗っていると、知らない人から怒鳴られることがあるそうなんですよ。

加藤：知らない人に怒鳴られるんですか？

岡崎：はい。「お前、今どき何でそんなクルマに乗ってんだ！」って怒鳴られてしまう。どうやらそういう空気になっているらしいです。これは、VWの排ガス不正スキャンダルがきっかけなんですけど。それって、決して誰も幸せにならない世の中ですよね。日本もちょっと間違うと……コロナ初期のときにもよくありましたよね？「こっちの県に来るな」とか、「マスク警察」とか、……そういう排他的な世の中になりがちなので、日本を決してそういう社会にしちゃいけないと思います。クルマに関しては、やはり好きなクルマを好きなときに買える世の中を、ちゃんと担保しておきたいですね。

加藤：あぁ……それはもう、本当にそうですね。

池田：同時に、私たちは自由に期待を持って、自由にトライして、失敗する自由も持っているってことですよ。

加藤：〝失敗する自由〟ですか、いい言葉ですね。

池田：それが自由経済の良さです。自由にトライして、駄目なら素早く切り替える。それが自由経済のダイナミズムであり、失敗しても再チャレンジ出来る世の中のいいところです。自分が選んだクルマにいつでも乗れるという社会を、多様性や可能性を、我々はもっと大事にしなきゃならないと思っています。

加藤：とはいえ、**EVの買い時は難しい**ですね。高い買い物になります。それに技術は日進月歩なので、もう少し待つと各社が優れたEVの新車を出してくるでしょうからね。

岡崎：今は仕込みの段階なので、もう少ししたら次々に出てきますよ（笑）。

池田：不完全なものを楽しむのも大事だと思います。そうじゃないと完璧なものしか買えなくなるからです。ただ一方で、不完全なのに嘘をついてミスリードしちゃいけない。

ＥＶにはまだまだ発展の余地がある。ということは未完成なんですよ。けれども２０２１年の電気自動車がどの程度未完成で、社会からどういう期待をされていて、それに乗っているとどんな憧れの視線を浴びるか……そういうトータルな時代の空気は、今しか味わうことが出来ないんですよ（笑）。

ガソリン車の未来とガソリン車に乗る自由

加藤：今後のガソリン車についてはどう思いますか？
岡崎：僕はあらゆるクルマが大好きだから、例えば、排気量6リッターV12気筒で燃費はリッター5kmみたいなものも残していきたいんですよね（笑）。CO2をいっぱい出すかもしれないけど、それを問答無用で禁止にするんじゃなくて、そういうクルマに乗るには「年間何十万かの税金を多めに払わなきゃいけない」というルールにすればいい。いっぱい税金払ってでも乗りたいという人には、乗れる自由を残す寛容さを持つ社会であってほしいと思います。
加藤：まったく同感ですね。
池田：禁止は駄目です。
加藤：ガソリン車を禁止することで、国民に何のプラスがあるのでしょうか？
岡崎：そうなんですよ。これは日本が自動車産業を中心として発展したという日本の文化を捨て去ることと同じと思います。
加藤：私は世界で一番優れたガソリン車を作ったのは、日本だと思っているわけですよ。それは日本の誇りだと思っています。だからこそ積極的に残してもらいたいと思いますね。
池田：ガソリン車には140年の歴史があります。もしかしたらまだびっくりするような発展があるかも知れません。でも、規制がこのまま進むとすれば、純粋なガソリン車はここらあたりで幕引きの可能性はあります。だから、〝最後の純ガソリン車〟に乗っておくのもこの時代の楽しみ方の一つなのは確かです。そういうチョイスをするなら、優秀なエンジン車がたくさんあるこの国に住んでいることは、結構有利でもあるんですよね。

ＥＶ化でガソリン税はどうなる⁉――日本を支える自動車ユーザー

加藤：「ガソリン税」についてはどうですか？　興味深いのは、米国では充電器の設置の財源をどこから持ってくるかという議論が出ています。高速道路の料金をガソリン税から持ってこようと模索していますが、ネットで見る限り、相当反発を買っているみたいですよ。

岡崎：日本に本格的なモータリゼーションが起きたのは１９６０年代ですから、日本の道路インフラは50〜60年経って、どんどん更新の時期を迎えています。橋も老朽化して、ちゃんと耐震補強したり建て替えたりしないといつ崩落するかわからない。そういう状況なので、とってもお金がかかる時期なんですよ。

加藤：よく海外でも、橋が突如崩落する映像がニュースで流れていますね。

岡崎：そういう修繕費を誰か負担しているかっていうと、主にはガソリン税だからクルマのユーザーが負担しています。でも、電気にはガソリン税が入っていないので、ＥＶのユーザーは負担

図1 **日本の道路インフラ整備の財源**

約6兆円（自動車ユーザーが税金で負担）

- ●ガソリン税　：**2兆4000億円**
- ●軽油引取税　：**9600億円**
- ●石油ガス税　：**120億円**
- ●自動車重量税：**6800億円**
- ●自動車税　　：**1兆5000億円**

（数字はおよそ／財務省・総務省 2020年度より）

※なおガソリンは価格の**約63%**が**税金**

しないわけです。

岡崎：ちなみに、道路は車重の4乗に比例して傷みます。EVは普通のガソリン車より数百kg重いから、道路をすごく傷めるんですよ。今、「ガソリン税を走行税にして、EVオーナーにも公平に負担してもらいましょう」という議論もされてきていますが、そういう議論は絶対に必要です。税制調査会の議論を見ても思いますが、本当に公平な税制というのはありません。例えば走行税を導入して「走った距離に応じて税金かけましょう」としたところで、電車もバスもない地方の人と東京の人とでは不公平感が出ます。地方の人からしたら「都会には電車も地下鉄もある。でも我々はクルマに乗るしかないんだ」というわけです。税制をどう作り上げていくのかは、議論に議論を尽くさなければならない。そのうえで、**みんなが納得する〝EV時代の自動車税制〟**というものを実現していかなければいけないと思います。

加藤：それなのに小泉環境大臣（当時）はEVについて突如、「購入時の補助金を40万から80万に上げます」と言いましたが、それ国民の税金ですからね。EVが本当にいいものだったら、推進するのに税金なんて必要ない。

岡崎：アメリカのカリフォルニアにも同じような補助金制度はあります。でも、各自動車メーカーには枠があって、「ある一定の台数に達したらあとは補助金なし」という仕組みになっています。そうやって補助金を最初の呼び水にするのは、ある程度はいいと思います。だけど、ずっとそれを払い続けるっていうのは、さすがにないでしょうね。

世界で一番高い日本の自動車関連税

池田：この話は、真剣に議論すると本一冊書けるぐらい大きなテーマです。まず**日本の保有にかかる自動車の税金は世界で一番高い**。アメリカの31倍ですよ。圧倒的に高い。

加藤：31倍!?

池田：そういうレベルなんですよ。アメリカが安すぎるのかもしれませんが、欧州各国に比べても、2～3倍は高いです（次ページの図2）。

岡崎：しかもアメリカのフリーウェイもドイツのアウトバーンも無料です。でも日本は有料の高速道路。ちょっと走っただけで千円、二千円、五千円って取られます。皆さん当たり前と思っていますけど、本当に高い。高速道路料金という名称の税金のようなものです。ユーザー負担は海外の人に比べると何十倍にもなるわけです。

図2　保有段階における税負担の国際比較

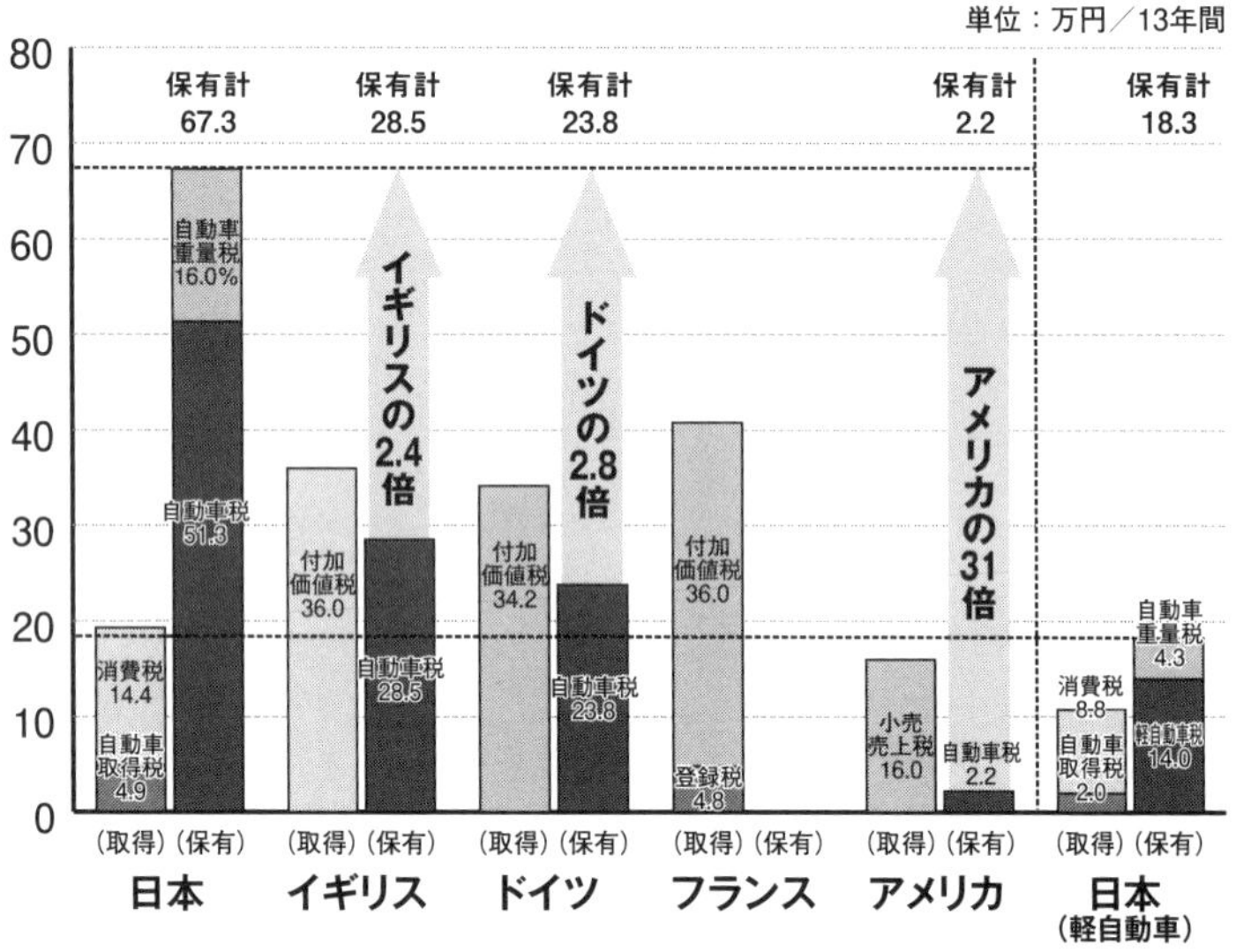

前提条件：①排気量1800cc ②車両重量1.5t以下 ③JC08モード燃費値 15.8km/ℓ（CO2排出量147g/km） ④車体価格180万円（軽は110万円）
⑤フランスはパリ、アメリカはニューヨーク市 ⑥フランスは課税馬力8 ⑦13年間使用（平均使用年数：自検協データより）
⑧為替レートは1€＝¥131、1£＝151、1$＝112（2017/4〜2018/3の平均）
※2018年4月時点の税体系に基づく試算 ※日本のエコカー減税等の特例措置は考慮せず

出典:日本自動車工業会
※2020年4月時点の税体系に基づく試算 ※日本のエコカー減税等の特例措置は考慮せず

池田：この世界一高い自動車関連税が一つ目の問題点です。

それから、行政の方などは「日本にはもう道路を整備するお金がありません」と仰います。

しかし、道路の整備費用は本来、受益者負担です。自動車税のなかには「道路特定財源」というものがたっぷりあります。だけど、それが目的税から外されてしまい、今や**自動車ユーザーが払った税金が、年金や医療にじゃんじゃん回されてしまっている**。そのため、本来やるべき道路の補修が出来なくなっているんです。

岡崎：道路特定財源を一般財

源化［※1］してしまったわけですよね。

池田：これじゃあ自動車税もガソリン税も払う根拠がないですよね。誰のために、何のために税金を払っているのかと。

加藤：本当に財務省は自動車ユーザーにフレンドリーじゃないですね。

池田：もう、めちゃくちゃなんですよ。

岡崎：あと、ガソリンって、ガソリン〝税〟にも消費税がかかっているんですよ。

池田：税金の二重払い［※2］ですからね。本当に全国の自動車ユーザーさんはこの国に多大な貢献をしています。

国に〝イジワル〟されながらも世界で戦う自動車産業

加藤：そこまで厳しい制度設計をしているのに、自動車メーカーはよく耐えていますね。

※1　**道路特定財源が一般財源化**（**2009年／平成21年**）
自動車関連税がクルマや道路以外の分野にも使える予算となった。税の公平性を欠くのではと指摘されている。

※2　**ガソリンは二重課税**
ガソリンは本体価格に加え、ガソリン税を含めた石油諸税にも消費税が課税されている。
石油諸税……ガソリン税、地球温暖化対策のための税（環境税）、石油石炭税、石油製品関税など。

池田：実際、国にイジワルされながら伸びてきたのが日本の自動車産業なんですよ。

岡崎：じゃあ今回のイジワルも、これを乗り越えたら凄いことになる。

池田：凄いことです。頭が下がります。

加藤：だけど、乗り越えるといっても、外国へ出て行かないでもらいたいですね。

池田：僕は、まだEVは未成熟な技術だと思っています。やっぱりまだまだ技術改革しなきゃいけない。だから、そういうものが優遇されるのは、当然アリだと思います。ただそれはもちろん、五朗さんも仰った通り、「いつまで」かが重要です。普及のための交付金なのだから、そんなお金をいつまでも出せるわけがない。EVの技術的な進歩を促すために、時限的にお金が注入されるというのであれば、僕はアリだと思っています。

加藤：電力が逼迫しているところで、補助金をジャブジャブEVに注ぎ込んでEV市場を作って、電力社会に持っていこうとしているわけですから。「何か仕掛けがあるのかな？」と思いました。

岡崎：電力会社が儲けられるかどうかは別としても、再エネ増加で電気代が上がっていくのは避けられない。

加藤：でも太陽光パネルは日本製ではありません。パネルの原材料となるポリシリコンはほとんどが中国製で、そのうちの5割がウイグル製ですよ。つまり、中国が儲かるだけ。原発を増やさない限りは、日本の電力は安定供給も出来ないし、安くもならない。

池田：康子さん、エネルギー政策まで踏み込んじゃったら、この本、終わらなくなっちゃいます（笑）。

加藤：つい話が盛り上がってしまいますね（笑）。

政府も国民も企業も「日本」を応援しよう

池田：とにかく今の日本には様々な問題や課題がある。税金もおかしいし、エネルギーも問題だらけ。だけど、そういう国の思惑に捉われずに、自分の自由な意思でモノを買う権利は誰にでもある。間違ったり、失敗したりする権利もある。だから、自分が今この時代に生きていて、試しておきたいものは、心おきなく試しておきましょう……というのが僕の結論です。

加藤：国は民業を圧迫しない。政府は、自動車産業を応援しなくてもいいから、変な規制をかけないようにお願いしたいです。

岡崎：応援くらいしてほしいですけどね（笑）。

加藤：本当は応援してほしいですよ！　だってドイツとEUが世界のルールを変えてまで、ドイツ車の**生き残りのために必死の戦いを挑んできているん**ですから。**嘘までついて勝とうとしているわけですから！**　国が日本を応援するのは当たり前だと思います。

池田：日本の政府に心からお願いしたいのは、「自工会が悲鳴のようにあげている声をちゃんと、じっくりヒアリングし直してください」ということです。両者が納得いくところまで、本当はどうしたいのかをちゃんと話し合ってほしい。

加藤：上の人同士は話をしているのでしょうが、本音をぶつけあっているのかどうかはわかりません。

池田：はい。想像するに、日本のメーカーの人たちは謙虚なので「政府の仰せには逆らうつもりはございません。我々は一生懸命それに向けて努力いたします。しかしながら……」とでも言っているのでしょう。でも政府の上の人たちは、その頭の部分だけを真に受けて聞き取っているんだと思いますよ。

加藤：「じゃあ、やれるんですね。出来るんですね。お願いします」ってね。

池田：それはもう、ミス・コミュニケーションですよね。ここまで切羽《せっぱ》詰まってきている状況だったら、そういう受け答えの仕方は、メーカーもやめなきゃいけないかもしれないですね。

岡崎：だから、豊田会長はあのように言い切ったのでしょう。会長は孤軍奮闘していますけど、あとは、他の自動車メーカーの社長もみんなで声を上げていくしかないですね。

加藤：本音と建て前の世界から脱皮していただきたい。

岡崎：危機感の問題でしょう。**自分がもし生きるか死ぬかの世界にいたら**絶対言うはずですよ。

加藤：生きるか死ぬか、または中国に引っ越すか。覚悟を決めるときが近づいていますね。

多岐にわたって議論をしてきましたが、話は尽きないですね。EV化の議論はホットで、E

Uではもちろん、お隣の中国でも韓国でも、それからアメリカでも話題にはこと欠きません。刻一刻と議論は進化しています。

今後も皆さんと、脱炭素の問題と自動車産業について一緒に考えていきたいと思いますので、どうぞよろしくお願いいいたします。

豊田会長も仰っていた「**どうか日本の応援団でいてください**」というのはいい言葉ですね。私たちもそうありたいと思います。ありがとうございました。

池田・岡崎：ありがとうございました。

コラム●自動車の未来を巡る経済戦争——池田直渡

「世界はすでにＥＶへと舵を切った」。

それが２０２１年の大手メディアにおけるモビリティのＣＯ２問題に対するスタート地点である。ただこの認識は色々と問題を含んでいる。

２０２０年のバッテリー生産実績が全世界で２００ＧＷｈ*（ギガワットアワー）。２０３５年に向けてこれが大幅に拡大されるのだというが、現在発表されているバッテリー工場建設計画は概算で８００ＧＷｈ程度。未発表の計画があることを前提にしても、最大で１５００ＧＷｈを越えるとは考え難い。１５００ＧＷｈは現状の７・５倍。10年と少々での成長としては史上希に見る躍進の類いである。

ではその目覚ましい成長の結果である１５００ＧＷｈのバッテリーで何台の電動車が作れるか？

１台当たり１００ｋＷｈの超大容量ＥＶ——１５００万台分
１台当たり60ｋＷｈの大容量ＥＶ——２５００万台分
１台当たり40ｋＷｈの通常容量ＥＶ——３７５０万台分
１台当たり30ｋＷｈの小容量ＥＶ——５０００万台分

1台当たり15kWhのPHV――1億台分
1台当たり1・5kWhのHV――10億台分

＊GWhはkWhの100万倍の単位

現在世界で年間に販売される乗用車の総台数は約1億台と考えると、EVの場合、バッテリー容量が心細い30kWhだけに絞って考えても需要の半分しか作れない。本書のなかで繰り返し述べてきた通り、いくらEVに期待しようとも世界の新車販売の全てをEVにすることは不可能なことがわかる。内燃機関とハイブリッドを禁止したのでは、需要を満たすことは絶対に出来ない。

にもかかわらずなぜ欧州を中心にEVに全てを賭けるような声明が発表され続けるのかといえば、それは世界のものづくり産業の覇権争いが形を変えて吹き出しているからだと考えられる。

内燃機関とハイブリッドに関しては、これはもう言うまでもなく日本の一人勝ちである。欧州自体が制定した2020年CO2規制（CAFE規制）を数値通りクリアしたのはトヨタだけ。欧州メーカーは、後出しでスーパークレジットと称する水増し計算法を提唱して、これでようやくクリアした状況である。

燃料電池でも日本が先行している。となると、勝負がついていないのはEVだけで、欧州メーカーはそこに賭ける以外にもう出口がなくなっている。だから何としてもEV以外の目を潰しておきたい。

ところがここでもひとつ大きな問題がある。EVのコストの40%から50%はバッテリーが占めるのだが、そのバッテリーの生産実績は、中国、韓国、日本が寡占しているわけで、EVが売れれば売れるほど、この3国にバッテリーで足下を見られて、欧州メーカーは儲からない。

彼らは今、どうやってバッテリーを欧州域内で生産するかに意欲を燃やしており、同時にいかに中国を世界経済から隔離するかに腐心している最中である。その点については中国に大いに問題がある。

2001年にWTOに加盟した以上、国際的貿易ルールを遵守する立場にありながら、一貫してルール無視の横暴なやり方を通してきた。

第1に投資に対する非対称な規制である、中国でクルマを作りたければ、中国資本と合弁企業を作り過半の株式所有を認めなければならない。もちろん海外からの自動車の輸入も禁じているので、世界中のメーカーは中国でクルマを売りたければ、51%以上の現地資本と提携するしかない。

第2に中国で生産するクルマへの中国製バッテリー搭載の義務付けだ。そうやって強制的に利益の多くが中国に落ちるようにしてきたのである。これが中国のバッテリー産業を急速に成長させた。

強制的合弁では技術の転移が行われるが、中国はあらゆる方法で技術の剽窃《ひょうせつ》を続けてきた。有名なものは「千人計画」で、世界から先端的技術者を引き抜いたり、人民解放軍などに属する国内の俊英を世界の名門大学院に国費留学生として送り込んで、研究用サーバーのアクセス権を取得したり、それはもう、モラルのかけらもないしたい放題のやり方で推し進めてきた。

「最先端の科学者に十分な報酬を払っていないなら引き抜かれて当然」という意見があるが、最先端の科学者が長い時間をかけて最先端の科学者になるためには、多額の税が費やされ、教育や研究の場が整えられているのである。そうした先行投資分だって、回収しなくてはならない。もし、そういう先行投資への敬意を完全に無視するならば、誰も先行投資をしなくなる。その先の社会がどうなるかはわかるはずだ。だからそういう引き抜き方は認められないのである。

一定の常識がある前提で出来ている世界のルールの穴や、弾力的運用の悪用を狙うそのやり方が跋扈《ばっこ》すれば、自由主義諸国は防戦に回るしかなくなる。悪貨は良貨を駆逐するからだ。キリスト教的倫理観を基本にして成り立つ西洋諸国の文化と、無神論の共産主義という2つの文明が、自由経済下で衝突したとき、法律というルール作りだけでは回避出来ない問題が発生して、今、自由主義諸国の多数派は、世界経済から中国を切り離すしか方法がないという結論に達しつつある。

その結果、「諸悪の根源は中国共産党であり、中国そのものに罪はない」というトリッキーな理論が確立された。意地の悪い言い方だが、どの国も中国という巨大なマーケットは手放せない。だから隔離するのは経済の運営主体である中国共産党だけという考え方である。そしてそれこそが今世界を二分する大きな対立を生んでいるのである。

こうした大きな絵柄のなかで日本が戦っていくためには、世界情勢をよく観察し、政官学産が一体となって、国益を考えなくてはならないはずだが、日本の政府はこの大きな対立を、ただの時代の流行としか考えておらず、欧州の明らかに政治性を帯びたプロパガンダを流行だと勘違いしてひたすらそれに乗ろうとしている。それこそが今日本の最も危ういポイントである。

2021年8月

池田直渡

特別対談

池田直渡×岡崎五朗

「国際社会は本当にEV化しているのか？」の真相

2021年9月1日のアフタートーク

岡崎：ＥＶ絡みのニュースというのは日々更新されています。鼎談後にも重要な発表などもありましたので、最新情報をアップデートした形で皆さんと共有しておきたいと思いますました。

（２０２1年9月1日採録）。

第1章の30ページのところに「国際社会は本当にＥＶ化しているのか？」という項目がありここは1月の段階で我々は話しています。そのときは、ＥＶ専業メーカーはテスラぐらいしかなくて、それ以外の自動車メーカーのなかで「ガソリン車やハイブリッド車をやめて、ＥＶだけにする」と公言するところはなかったわけですね。

ただその後、「ＥＶ専業になる」あるいは「エンジンをやめる」というメーカーが出てきました。

このことは、日本でも盛んに報道され、我々の主張とちょっと真逆のように取られる可能性もあるのですが、彼らの発表をよくよく見ていくと「ＥＶだけにすると報道されていたけど、よく見ていくと違うよね」というのも多くあったわけですよね。

池田：はい。もうほとんどがそうで、表面的な意味だけ見ていてはわからないなと。いわゆる「ＥＶ宣言」をしたメーカーを時系列に書き出してみました。ざっと6回ありましたね。

1月28日　ＧＭ
2月15日　ジャガー
4月23日　ホンダ

6月30日　ボルボ
7月15日　欧州委員会（ＥＣ／ＥＵの政策執行機関）
7月22日　ダイムラー（メルセデス・ベンツ）

池田：なかでもやっぱり一番老獪《ろうかい》だったのがＧＭの発表でした。
岡崎：そうですね（笑）。
池田：ＧＭのプレスリリースを読んで、正確に翻訳しようと思ったんですけど、ほとんど僕の英語力では不可能だったんですよ。
「２０４０年までにカーボン・ニュートラルを達成すると確約出来るようにする」これは1月28日にメアリー・バーラＣＥＯの非常に難解な言い回しで、ほとんど意訳なんですけど、実に回りくどい言い方をしています。それから「２０３５年までには、自動車のテールパイプからエミッション（ＣＯ２排出）をなくす行動をとる」と発表しているんですね。
まず「確約出来るようにする」っていう表現は「確約する」じゃないんですね。それから「エミッションをなくす行動をとる」というのは「なくします」と発表しているわけじゃない。これ、もうほとんどネイティブの人じゃないと微妙なニュアンスがわからないレベルの英語になっていまして、僕らが読む限り、これは少なくとも何か「断言をとにかく避けている」ということだけはわかるんですけれども、微細なニュアンスは正直わからない。

岡崎：ただ、2035年までにエンジンをやめるという約束をしているかといえば、少なくともそうでないことは明白です。ところが日本の大手メディアは「GM、2035年までに全てEV化」という見出しをつける。そういうことを何度も見てきているので、僕は本国のプレスルームに行って、原文のプレスリリースをチェックするようにしています。

さらにGMの関係者にも直接取材しました。すると、「これは努力目標だ」ということを言っていましたね。「我々は全力で取り組むけれども、それはあくまで目標であって、コミットメントではない。もしエンジン車に需要があるのであればGMは2035年以降も売ることになりますよ」という回答を実際に得ています。だから「EVだけにする宣言」ではないんですね。

池田：非常に巧妙な文章でね。原文を見ると、記事を書く人がどう書きたいかによってどこを拾ってもいいように、実に玉虫色のプレスリリースになっていますね。

岡崎：逃げ道はちゃんと残している。

池田：ええ、そういう意味では賢いと思いました。悪賢《わるがしこ》い、役人的な文章です。

岡崎：次にジャガーを見てみましょう。

池田：ジャガーは2月15日に、これはもうかなりはっきりと「2030年にフルEVブランドになる」と言い切っています。

岡崎：ジャガーのグローバル販売台数は、だいたい10万台ぐらいと元々少ないんです。しかもジャガーはプレミアムブランドですから価格が高くなってもクルマさえ魅力的ならビジネスは成り立つと思いますね。

池田：ジャガーは、基本的には元がスポーツカーメーカーで、動力性能の高いクルマを出さざるを得ないわけですよ。遅いジャガーってあり得ないですからね。ただ、今の時代、速いクルマをガソリン車で作ったら、ＣＯ２の排出量が多くなってしまいどうにもならない。ジャガーというブランドは、逆に「ＥＶ化していかないと生き残れない」というのははっきりしています。バッテリーの調達はちょっと大変かもしれないけれど、内燃機関で頑張っても何の道も拓けない。だったらＥＶで打って出る、ということで、非常にわかりやすいですね。

岡崎：それに対して、非常に不可解だったのはホンダですよね。ホンダはＧＭと提携をしていて、ＧＭと歩調を合わせるかのように「２０４０年のカーボンゼロ、エンジン車販売をやめ、ＥＶとＦＣＶにしていく」と三部《みべ》社長が４月の就任会見で発表しました。ジャガーは10万台のプレミアムメーカーだからそれが出来るんだとさっき言いましたけど、ホンダはフルラインの５００万台のメーカーなんですよね。「世界中のありとあらゆる階層の人々、あらゆる場所に住んでいる人たちに売った結果の５００万台を、全てＥＶにすることが出来ると本気で思っているのか？」というのが僕のすごく率直な疑問ですね。

池田：一応、発言としては、「ＥＶとＦＣＶをグローバルで１００％にする」と言っていますけど、台数的には現状はＦＣＶはゼロに等しいくらいなので、実質的にはこれからＥＶを５００万台作るってことじゃないですか。ところが三部社長の会見は1部と2部に分かれていて、第1部は三部社長のプレゼンテーションで「脱エンジン」だとはっきり仰ったわけです。
また、第2部では、「どうやってやるんだ」「バッテリーはどこで調達するんだ」「そんなに売れるのか」という記者からの質問に対して、三部社長は「それは非常に難しい、実に難しい」を繰り返している。我々が聞いてる限り「それ、出来ないって言っていませんか？」という状態でした（笑）。

岡崎：それで挙句の果てには「非常に難しいけれども、困難なことにチャレンジするのがホンダらしさだ」っていうことを仰っていて、僕はその発言を聞いたときに「あれ？　どこかで聞いたことなかったっけそのロジック……」と思って、思い出したのが小泉進次郎さんの「おぼろげながらに浮かんだ46％」ですよ（笑）

池田：五朗さん、厳しいな（笑）。僕が三部社長の発言のなかで一番気になったのは「現実の話として極めて難しい問題がたくさんありますが、今回は話をわかりやすくするために、EVとFCVに絞りました」と仰ったんですね。これはつまり「あくまで表向きの発表である」という意味に等しいわけですよ。「話をわかりやすくするために、ここだけにフォーカスして、この部分だけ話しました」と発言しているわけですから。だから僕もね、「それはどうなの？　アリなの？」とあきれるわけですけど。

岡崎：なぜ話をわかりやすくするために、そこに絞らなければいけなかったのか……というところがポイントですかね。

池田：普通に想像すると、本当に「ＥＶ１００％」を実現するんだったら、ホンダはメーカーの規模を半分以下に縮小しなきゃならないでしょう。

岡崎：そういうことです。先進国に住む比較的裕福な人たちだけを相手にしていこうということであれば、不可能ではないと思うんですが、でもそれだと５００万台は絶対維持出来ないですよね。

池田：現状、ＥＶ化の勢いが一番強いと思われるヨーロッパのマーケットにおいて、ホンダはめちゃめちゃ弱いわけです。強いのはアメリカですよ。

岡崎：中国もですね。

池田：アメリカと中国、どちらも「１００％ＥＶ化」はかなり難しい国なんですよね。もちろん１００％じゃなくてもいいんですけども、どうやってそれだけの数のＥＶを売っていくのかっていう話は相当難しいだろうと思いますね。

岡崎：「なぜ、三部社長はそういうことを言い出したんだろうか？」というところを考えたいですけれども、やはりこの発言によって「お金が集まる」「国に納得してもらえる」ということだったのかなと思うんですね。会見の第2部で「全車ＥＶにするのは難しい」ことに関して色んな理由を羅列したのは、実際、三部さんがずっとエンジンの技術者としてやってきた本音だと思います。ただ、第1部の「２０４０年にエンジンをやめる」発言というのは同じ三部さんなんだけど、まったく人格が違う人の発言ですよね。これ、池田さんは背景に何があると思っていますか？

池田：極めて推測で、何の証拠があるわけじゃない話ですけど……ホンダってやっぱり研究所がすごい強い、エンジニアが強い会社なんですよね。つまり、エンジニアが会社の方針にあんまり従わない会社なんです。そこを変えるためには、やはりショック療法が必要だったのではと。エンジニアとして、しかも内燃機関の開発でスターだった三部さんというエンジン開発のボスの発言ということでは、彼らも言うことを聞かざるを得ない。つまり変革を受け入れざるを得ない土壌を作ったっていうのが、今回のシーンだと個人的には思っています。

岡崎：なるほど。でもそれをGMは、非常に難解な言い回しを使うことによって、逃げ道を用意しつつ発表してるわけですよ。それに比べてホンダの発表って、逃げ道を用意してないように見えるので「本当に大丈夫なの？」って思ってしまうんですよね。

池田：それは仰る通りなんですけど、逆の面から見ると、トヨタ以外のメーカーの社長って、何も言わないですよね。否定も肯定も、何も言わないです。目標の数字だけちょっとづつ増やしているだけで……。これって、自工会の会長の後ろに隠れてコソコソしてるように僕には見えるんですよね。それらと比べるとホンダは、出来ることと出来ないことの区別がついているかどうかは正直怪しいんだけれども、一応世界に向けて「全部EV化する」と約束したことで、その結果は今後絶対問われるわけです。それを言い切ったことに関しては「勇気あること」とは思っています。

岡崎：勇気はあります。ただ、僕はそこで懸念するのは、小泉進次郎さんが〝2035年の二酸化炭素を46％削減〞と言って、結構批判されましたよね。あるテレビ番組では「それ無理でしょう、小泉さん」って言われて、「いやホンダさんも２０４０年にエンジンをやめると言っていますから」と。46％という数字がデータを積み上げたものではないのはもうわかってきているんだけれども、じゃあそれが出来るのかという点でホンダの発表が利用されているという状況もあります。ホンダも政府も、説得力のあるデータや事業計画を積み上げて言っているものではないんですよ。このように「根拠のない二つの発言が重なって、いかにも根拠があるように見せてしまう」という現象は、非常に危険だなと思いますね。

池田：その通りですね。僕としては「発言したことの責任が取れるのか、取れないのか」を、今後注視していきたいと思っています。

岡崎：わかりました。次にボルボですね。

池田：はい。ボルボは6月30日に「２０３０年までにＥＶ専門メーカーになる」と発表しています。

岡崎：ボルボは中国資本にはなりましたが、スウェーデンのメーカーです。スウェーデンは非常にクリーンな電源構成の国ですよね。原子力発電と水力発電が非常に豊富で、再エネ率がほぼ１００％です（第6章２１１ページの図3参照）。しかもボルボはプレミアムブランドで、販売台数も年間60万台ぐらいなので、ＥＶとの親和性は高いと思います。ただ、２０３０年に今の倍の１２０万台まで増やすというような強気の計画も立てているので、ＥＶ化しながら台数も倍増するというのは、少し無茶なのかなという感じはしていますね。

池田：ただボルボの場合、フォード傘下から外れてジーリー傘下となって、エンジンとシャシーを一気に全部作り直さなきゃならなかったんですけど、そのときに作ったエンジンが多分ちょっと開発に失敗したんじゃないかと僕は思っているんですよ。それはいわゆる部品流用度を高めたもので……つまりガソリンもディーゼルも同じシリンダーブロックを使うとか、ボアストロークが全部一緒だとか、部品の都合でエンジンの仕様が決まっているわけですから、最もいい燃焼効率なんか出せるはずがないんですよ。そういうエンジンを作ってしまったことで、熱効率の追求的にはもう頭打ちだってことがわかったんじゃないかなと。2012年に出したエンジンを約10年やって来て「これ以上はちょっとどうも無理だ」と。そうなってしまったときに、今からもう1回エンジンをフルラインナップで作り直せるかといったら、それも出来ない。ということで選択肢としては、もうEVしかなかったのかなとも思っています。

岡崎：ちなみにボルボのエンジン部門と、メルセデスのエンジン部門、それからその親会社ジーリーのエンジン部門という三社が一緒になって中国に移るみたいですね。だからエンジンを開発しないといっても……。

池田：はい。にっちもさっちもいかなくなったら、ジーリーからエンジンの供給を受けて、まず小さいクルマならなんとかなるでしょう。大きいクルマはどっちみちガソリンエンジンで走っていたらCO2もいっぱい出ちゃうので、そこはEVなりPHVなりで進めていくということなのでしょうね。

岡崎：あとは欧州委員会（ＥＣ／ＥＵの政策執行機関）ですね。

池田：欧州委員会は、７月15日に「２０２５年にガソリン・ディーゼルなどの内燃機関エンジンの販売を、事実上禁止する」という発表をしています。ただこれってね、欧州委員会に各国、各メーカーのエンジン製造を禁止する権限はあるのかって話もあります。

岡崎：あるわけないいんです。欧州委員会は政策執行機関なのですが、その下に欧州議会というものがまずあります。あとその下に各国の議会があって、選挙で選ばれているのは各国議会の国会議員なわけですよ。つまり欧州委員会という、27名の各国代表者が打ち出したものを、そのまま各国が素直に政策に落とし込んでいくかというと、可能性はかなり低いと思われますね。

池田：逆にいうと、欧州委員会は強制力がないことを承知で「多少厳しいことを言っても、全員に無理強いさせられるわけじゃないし、メッセージ性を打ち出すならこれくらい強く言ってもいいんじゃないか」……というニュアンスじゃないかなとも正直思っています。

岡崎：そうですね。ただこれも日本のメディアの手にかかると「２０３５年に欧州は全てＥＶ化！」という見出しが躍るわけですね。

池田：「欧州はすでにＥＶに舵を切った！」とね。

岡崎：まだ何も決まっていないのに、あたかも既成事実のように報じられます。読者の皆さんもそう読み取ってしまう方が多いと思いますが、大手メディアの見出しだけを見て「そうなんだ」と信じてしまうと、大変な間違いを犯してしまう恐れがあるということは、本当によく知っておいてほしいことですね。

池田：欧州委員会が「全車ＥＶ化」へ持っていきたかったのは事実だと思うんですよ。ただそれは強制力が伴うものでもないし、確定したことでもない。これから現実とのすり合わせをやっていくという段階なのです。

岡崎：しかし欧州にも色んな国があるわけじゃないですか。電源構成のいい国もあれば悪い国もあって、東欧の国々などは、結構まだまだ石炭火力発電でやっていたりするわけです。財政も潤沢とはいえない国が「なんかＥＶに決まりそうだけど、補助金出さなきゃいけないの？　そんなの無理だろう。電気だって足りないし」みたいなね。そういう議論は当然今後出てくるわけです。

池田：あとヨーロッパで難しいのは、例えばドイツのメーカー。同じメーカーのクルマでも、作っている国って様々なんですよ。スペインで作っていたりとか、東欧圏で作っていたりとか。個別の生産国で承認した、あるいは否決したからって、メーカーは各国の事情を汲んでＯＫ出来るのか。例えばスペインなどは、昨今財政的にすごいキツいはずなんですけど、スペインが環境対策費をドーンと政府予算で突っ込めるのかっていうと、到底出来そうにない。メーカー的には全体方針がある以上、生産委託国で駄目だと言われても困るわけで、極論を言えば、もうそういう国では作らないとなる可能性はある。ところが今まで「欧州の工場」を引き受けていた国においては、メーカーにどんどん仕事を引き揚げられてしまうと、これまた大変な大問題に発展するんですよね。
岡崎：もうそれを強行したら、ＥＵ分裂ですよね。
池田：そうです、ＥＵ崩壊が起きます。
岡崎：この欧州委員会の掛け声に対して、欧州自動車工業会（日本自動車工業会に似た業界団体）は「ＥＶ普及の準備ができていない状況でのエンジン車とハイブリッド車の禁止は合理的ではない。特定の技術を禁止し未来を一本化する政策は、イノベーションの阻害につながる」と反対の姿勢を明らかにしているわけです。
池田：今まで日本のメディアが、散々「日本は出遅れている」と批判してきたときに、豊田章男自工会会長がした反論と判で押したように同じといいますか。
岡崎：まったく同じですよね。そういう意味ではこの「脱炭素とＥＶ推進の問題」は、欧州委員会の人たちの〝崇高な理念〟なのかもしれませんが、それはあくまで理念にすぎないということ。理念を押しつけているだけとも言えるでしょう。
池田：というかもう正直に言いますが、この環境問題に対して動いている左派の人たちって、だいたいが〝上級国民〟なんですよ。結局つまり「上級国民が投資や何かで儲けたりすることのために、下級国民はどうなっても構わない」ということです。
岡崎：まさにそうですね。アメリカでも同じで「都市部の一軒家に住む裕福な高学歴高収入の人たち」は、テスラを買えばいいんです。株も買って儲けて……という話なんですよね。

池田：僕はね、投資して儲けることも大事だし、新産業にお金を集めて運用して……みたいなことは責められるべきじゃないと思っています。だってそれは自由経済だから。ただね、やはりどこかにモラルというものがちゃんとあって、それらが貧しい人々の圧迫の上に成り立つということに気付いたときに「やりすぎは良くないな」っていう程度には考えられないと、これは社会の分断にしかならないと思うんですね。

岡崎：もうこれってリーマンショックとまったく同じ構図じゃないですか、不動産がEVと環境に変わっただけでね。政治家や財界の人たち含めて、日々の生活に困ってない欲深い人たちというのは、こういう考え方になるんだろうなってあらためて感じますね。

池田：残すはダイムラーですね。7月22日のダイムラー（メルセデス・ベンツ）の発表です。

岡崎：いや……実はこれが一番ウケました（笑）。メルセデス・ベンツの公式発表は以下の通りです。「Mercedes-Benz is getting ready to go all electric by the end of the decade, where market conditions allow.」

池田：「2020年代末までに、全ての商品をEV化する準備を進める」と言いつつ、その文章の最後には「コンディションが許すマーケットがあれば」と、例によって書いてあります（笑）。

岡崎：もうね、これ本当に最後の一文がとても重要なわけですよ。ところが日本の新聞はそこを華麗にスルーして「メルセデスは2030年までに全てEV化！」という見出しを付ける。

池田：正しく要約すれば「我々は何が何でもＥＶ化を達成する！……もし出来るなら」ということなんですけどね（笑）。

岡崎：そうそう（笑）。

池田：こういう小狡《こずる》い文章、やっぱりドイツ人はうまいなと。アメリカ人も上手でしたけど。そういう意味でいうと、ジャガーとボルボにはそれぞれ都合があってＥＶ化宣言をしているのですが、日本のホンダだけ非常に馬鹿正直というか、いや正直ですらないですね。何かどこかの偉い人に言われたことを無理やり飲んじゃった感じです。または、みんなが言うから頑張らなくちゃ……という日本人的な生真面目さでしょうか。

岡崎：さっき池田さんはホンダのことを「勇気がある」と褒めていたし、ある意味正直で、誠実だとは思うんですね。ただ正直さとか誠実さというのはとてもいいことなんだけれども、この魑魅魍魎《ちみもうりょう》の跋扈する世界の中で生き抜いていくための、狡賢《ずるがしこ》さというものがないホンダは、ある意味素敵だなと思いつつ、やはり非常に心配だなとも思います。

池田：やっぱりＧＭとダイムラーのその玉虫色の理論構築を見ると、「凄えな」「世界と戦って生きてきた人たちだな」と思うわけです。

岡崎：でも日本の官僚も、そういう文章を書かせたらかなりうまいんじゃないですか？

池田：ただ、日本の官僚が書いたものって、結構誤解されちゃうんですよ。例えば「善処いたします」っていうのは、日本語的には「やらない」という意味なんですけど（笑）、でも「べストを尽くす」と誤解されてしまうわけで。つまり、グローバルに通じる老獪《ろうかい》さじゃないんですよね。

岡崎：本書の鼎談を始めた2021年初頭は、「国際社会は本当にEV化しているのか？」という話においては、まだあまり具体的な例は出ていなかったのですが、その後、GM、ジャガー、ホンダ、ボルボ、欧州委員会、ダイムラーなどが色んな声明を出してきて、いよいよ「国際社会はEV化に舵を切った」と世間では言われているけれども、実際のところ、「舵を切った」とハッキリ言ったのはジャガーとボルボとホンダだけということがおわかりいただけたかと思います。

池田：しかもジャガーとボルボは訳あり。

岡崎：ホンダ、大丈夫かな……。

池田：読者の皆さんに向けて、まとめの言葉をお願いします。

岡崎：僕がこのEVや脱炭素、カーボンニュートラル関係のネタを追い始めて、1年ほどが経ち、改めて思うのは「日本の大手メディアの報道だけを見ていると、本当に騙されますよ」ということです。「世界がEVに舵を切った」「メルセデスが全部EVにする」「ヨーロッパは全部EVにする」とあたかも決まったように書くわけじゃないですか。でも実は大事な一文が抜けていて、必ずしも正しい報道にはなっていない、というのが事の本質です。日本の大手メディアはあえてカットして書いているのか、それともその重要さに気付かずにうっかり一部を抜いてしまったのか……というところは議論の余地があると思います。でも一つ確かなのは「メディアの言ってることを１００％信じると、とんでもない間違いを犯しますよ」ということですね。

池田：だから我々も、情報の出所をキチンとあたって記事を書くことを心がけています。ＥＶ化すると言っているメーカーの人たちだって「簡単にすぐ出来る」とは言ってないわけですよね。だいたいが「チャレンジをすべきだ」という表現であって、「難しい目標」という認識です。「その難しいことを何でそんなに簡単に宣言するのか」ということは、もうちょっと疑ってかかってもいいんじゃないですか、と思います。脱炭素政策の件も同じです。

岡崎：ＥＶ推進、それから地球温暖化を防ぐためのカーボンニュートラルという話題には、本当に色んなところに「罠」が仕掛けられています。この本がそれらを読み解いていくうえでの一助になれたら、我々も嬉しいなと思いますね。

池田：そうですね。最後まで読んでいただいて、どうもありがとうございました。

本書は、YouTube 未来ネット「ＥＶ推進の嘘」番組を元に、
再編集をいたしました。
収録日と配信日は各章の冒頭に記載しています。
なお、動画はいつでも YouTube で見ることが出来ます。

「ＥＶ推進の嘘」番組一覧：https://ux.nu/jImhs

「未来ネット」：https://www.youtube.com/c/mirainet
（代表取締役社長 浜田マキ子）

ご意見やご感想は、下記 YouTube 番組のコメントやメール等でお送りください。みんなで共有させていただき、今後、番組等で取り上げさせていただく場合もございます。

★加藤康子「日本のものづくり応援チャンネル」
（YouTube チャンネル）※近日始動
https://ux.nu/ZT8aj

★池田直渡・岡崎五朗「全部クルマのハナシ」
（YouTube チャンネル）
https://ux.nu/vdezj

ご意見・ご感想はメールでもお送りください。
メールアドレス：info@wanokuni.me
件名「EV 推進の罠」係
お名前をご明記のうえ、よろしくお願いいたします。

Profile

加藤康子（かとう　こうこ）

元内閣官房参与／産業遺産情報センター長／産業遺産国民会議専務理事／都市経済評論家

慶應義塾大学文学部卒業。ハーバードケネディスクール大学院都市経済学修士課程(MCRP)を修了後、国内外の企業城下町の産業遺産研究に取り組む。

安倍内閣（第三次～第四次）内閣官房参与（産業遺産の登録および観光振興を担当）

「明治日本の産業革命遺産」の「世界文化遺産」への登録（2015年7月）の実現に　中心的役割を果たす。山本作兵衛ユネスコ世界記憶遺産プロジェクトコーディネーター。著書『産業遺産』(日本経済新聞社 / 1999年)ほか。

自民党・加藤六月氏（2006年逝去）は父、加藤勝信氏は義弟。

産業史の専門家でものづくりを愛する工場オタク。

池田直渡（いけだ　なおと）

自動車経済評論家。

1965年、神奈川県生まれ。1988年、企画室ネコ（現ネコ・パブリッシング）入社。取次営業、自動車雑誌(カー・マガジン、オートメンテナンス、オートカー・ジャパン)の編集、イベント事業などを担当。2006年に退社後、スパイスコミニケーションズでビジネスニュースサイト「PRONWEB　Watch」編集長に就任。2008年に退社。現在は編集プロダクション、「グラニテ」を設立し、自動車メーカーの戦略やマーケット構造の他、メカニズムや技術史についての記事を執筆している。YouTubeチャンネル「全部クルマのハナシ」を運営。

岡崎五朗（おかざき　ごろう）

モータージャーナリスト。

1966年、東京都生まれ。青山学院大学理工学部機械工学科在学中から執筆活動を開始。新聞、雑誌、ウェブへの寄稿のほか、2008年4月からはテレビ神奈川「クルマでいこう!」のMCを務める。ハードウェア評価に加え、マーケティング、ブランディング、コンセプトメイキングといった様々な見地からクルマを見つめ、クルマを通して人や社会を見るのがライフワーク。

YouTubeチャンネル「全部クルマのハナシ」を運営。

EV《イーブイ》(電気自動車《でんきじどうしゃ》)推進《すいしん》の罠《わな》
「脱炭素《だつたんそ》」政策《せいさく》の嘘《うそ》

2021年11月10日　初版発行
2021年11月20日　2版発行

編集協力　須澤裕典・廣瀬憲茂(未来ネット【旧;林原チャンネル】)
構　成　高谷賢治／吉田渉吾
校　正　大熊真一(ロスタイム)
装　丁　志村佳彦(ユニルデザインワークス)
編　集　川本悟史(ワニブックス)

発行者　横内正昭
編集人　岩尾雅彦

発行所　〒150-8482
東京都渋谷区恵比寿4-4-9 えびす大黒ビル
電話　03-5449-2711(代表)
03-5449-2716(編集部)
ワニブックスHP　http://www.wani.co.jp/
WANI BOOKOUT　http://www.wanibookout.com/
WANI BOOKS News Crunch　https://wanibooks-newscrunch.com/

印刷所　株式会社 光邦
ＤＴＰ　アクアスピリット
製本所　ナショナル製本

ISBN 978-4-8470-7107-2